每個月份，都是派對好時光！

跟著季節走
完美派對料理提案

RECIPES OF THE SEASON

瑞昇文化

擁有用心製作的料理，
再加上大家的笑容，
就是一場成功的料理派對！

派對應該是一種更貼近生活、更簡單的東西。
因此，我們必須在開始前，先稍微準備一下。
請參考food-sommelier團隊的料理訣竅和食譜，
以輕鬆愉快的心情，舉辦一場家庭派對吧！
期盼您能藉由料理，增加生活中的「幸福時光」。

contents

○本書所介紹的料理皆可用於招待賓客的饗宴或是自備餐點赴宴時使用。
○本書所介紹的料理是配合每個月份擬定的主題所組合而成的菜色，主要是以主菜類像是米飯或義大利麵為主，再輔以甜點等。讀者可以只選自己喜歡的菜色做搭配也沒關係。
○本食譜主要都是採用「當季」食材來烹調料理。
○位於每月食譜頁的最後一頁料理家採訪頁，裡頭有說明為何該月份的菜色要如此搭配，以及當作自備餐點時的建議，另外也有介紹如何擺盤和開派對時的各種創意技巧，敬請參考。
○有關自備餐點的攜帶方式、餐桌上的佈置和派對上的好用小物，請參考特輯專頁。

7月 Jul

food sommelier 長友幸容

8月 Aug

food sommelier 柴田真希

9月 Sep

food sommelier 宮川順子

10月 Oct

food sommelier 沙希穗波

11月 Nov

food sommelier 橫塚美穗

12月 Dec

food sommelier 森崎蘭香

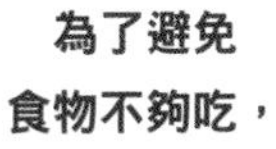

為了避免
食物不夠吃，
請先準備好義大利麵等乾麵，
等有需要的時候
煮一下馬上就可上桌。

如果是自備餐點前往派對，
應該要把飲料、前菜、
碳水化合物類、炸物和甜點等，
都先分成小份。

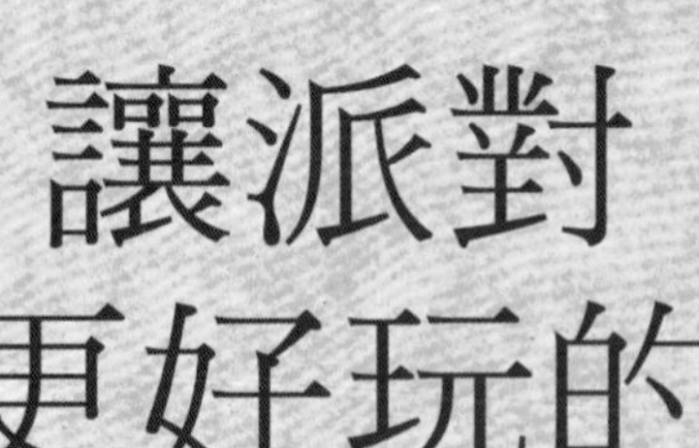

讓派對更好玩的Tips

在開宴主人的容許範圍內，
事後整理的時候
務必要積極！
請確實清掃乾淨再回家吧！

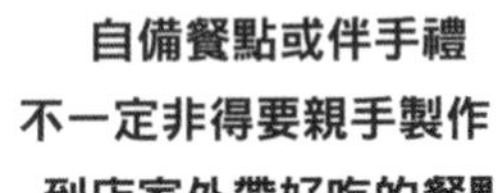

自備餐點或伴手禮
不一定非得要親手製作，
到店家外帶好吃的餐點
赴宴也是一項聰明的選擇。

可以把薄荷葉
放進碳酸水或冰水，
或者用花草酒兌水，
準備一些特別的飲料
給不能喝酒的人。

容易被忽略的小東西。
請配合派對的主題
選擇合適的音樂CD吧！

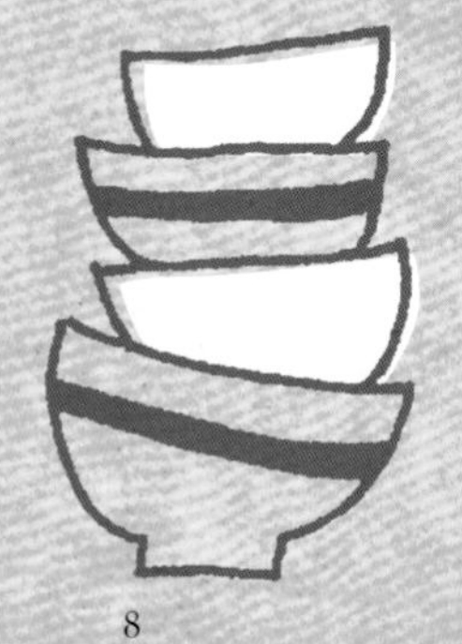

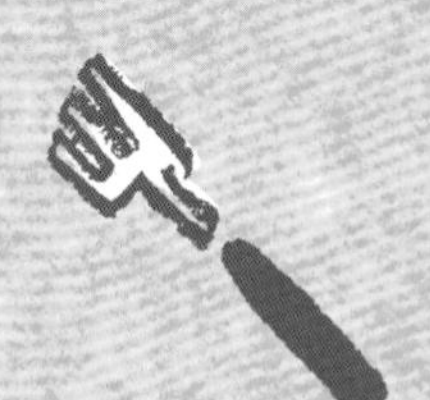

參加派對的成員
大多都是女孩子，
因此伴手禮
帶甜點準沒錯！

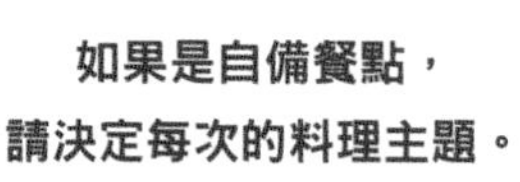

如果是自備餐點，
請決定每次的料理主題。
例如夏天的話，
就準備墨西哥料理。
主題明確的話，
也比較好做準備。

請攜帶盡可能無需再用火烹煮或
需要裝盤的食物，
直接帶去就能拿出來吃的最妥當。
如果是點心的話，請攜帶無需再分切，
原本就已經分好、包裝好的最好。

請配合季節和主題
變換桌巾，
或者使用燈具、蠟燭
改變派對空間整體的氣氛。

剩餘的料理可用蠟紙
包好放進保鮮袋，
再用漂亮的紙膠帶貼好，
讓賓客把料理和
派對的歡樂氣氛
一起帶回家。

配合派對主題決定主題顏色，
如此一來，
不管是料理還是造型
都會很好製作。

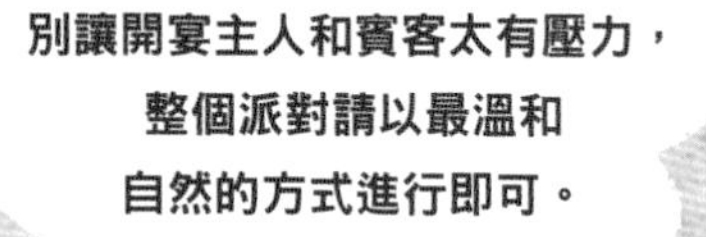

別讓開宴主人和賓客太有壓力，
整個派對請以最溫和
自然的方式進行即可。

PARTY 1

如何成功地 舉辦一場派對

為了能讓派對可以順利地進行至結束，事前的準備工作非常重要。
當您想著「來開派對吧！」的時候，派對就已經開始了。
只要遵照接下來介紹的程序走，就絕對不會失敗喔！
為了避免派對當天原本預定的料理出狀況，建議大家一定要在派對之前先嘗試做過一遍。
雖然本書所介紹的料理幾乎都是比較簡單好做的，不過如果預習過料理，
屆時準備的時候會比較快速，也能確實掌握料理的味道，相對也比較安心。

來開派對吧！

CEHCK

□決定時程並告知賓客
主辦單位人數、確認賓客人數、是否有帶小孩，若有派對主旨也請一併告知。

□事先向賓客確認是否有不敢吃的東西或會造成過敏的食材

派對開始的 前1週～3天前

CEHCK

□決定派對主題和菜色
如果是自備餐點的派對，請先連絡好共同準備主題和菜色的人員。

□寫下需要購買的食材，製作採買清單
所需的分量也請一併寫出來。

□決定要用的餐具和杯具，以及攜帶用的盛裝容器

□思考如何佈置餐桌
如果時間充裕，可以先把餐具和杯具擺在上面佈置看看。
添購餐巾紙或蠟燭等不夠用的雜貨。

□較難購得的食材和重量較重的飲料請打電話或利用網購訂購

派對開始的 前1天

CEHCK

□出門採買食材
請別忘了裝飾用的花卉、冰塊和麵包等物品。

□備料
可以在前一天先做好的料理請盡可能先做起來放。

□打掃客廳、玄關、洗臉台和廁所。

□整理冰箱
請先規劃好空間，以便存放需要冷藏的料理、
自備餐點和伴手禮。

派對開始的 前3小時

CEHCK

□先從比較費工夫的料理開始做

□佈置餐桌
裝飾花卉、蠟燭及準備待會兒要撥放的音樂CD，順便佈置一下房間。

□迎接賓客的準備
在玄關放好拖鞋，並在洗臉台準備好給賓客用的小毛巾。

派對開始的 前1小時～30分鐘

□準備就緒，開始上菜

□餐桌上先出至少1道以上的料理

□準備小零嘴和酒杯，讓先到的賓客可以先享用

PARTY 2 成功招待賓客的基本守則

身為開宴的主人，請先決定好派對的主題和概念吧！
如果從決定菜色、餐桌佈置到當天的進行流程都能順利地預想出來，就已經成功8成了。
一場派對能夠成功，最重要的就是不管是賓客還是開宴的主人，
都能共同享受到美好的時光與餐點。

決定好派對主題和概念即可開始著手準備

當您開始思考派對主題、概念和參加成員時，
派對就已經開始了。

決定好參加成員之後，再來思考這場派要以哪種模式進行。是自備餐點呢？還是由開宴主人負責準備當天的派對料理？

如果是請參加者自備餐點，那就必須把派對主題、前菜類和沙拉等蔬菜料理、主菜、碳水化合物類及甜點等先告知每位參加者，並且分配好每個人該負責的部分。另外，開宴主人還會準備哪些料理，最好也是一併告知參加成員。還有，關於參加者的年齡層、是否帶小孩同行等資訊，一樣也是先行告知，方便準備料理的人思考菜單。

如果是開宴主人自行準備所有的派對料理，也要配合派對主題、賓客的年齡層、性別及季節食材等來設計菜單，比較容易進行。另外，建議酒類或低酒精飲料與甜點等，也可以直接請參加賓客指定。

款待賓客的心情

精心準備，期盼賓客都能賓至如歸。

招待本身已經含有「款待」的意思了，不過，還是希望每一位來參加派對的賓客都能玩得盡興，綻放出最棒的笑容。

為了達成這個目的，最好的方式就是遵照前幾頁「如何成功地舉辦一場派對」中所介紹的，按照步驟確實執行，方能順利地將所有料理準備完成。當然，如果覺得還有一點時間精力，不妨也參考一下本書所介紹的各種建議和創意點子，例如擺盤的方式、準備時下超夯的派對玩具，以及事先準備好籃子、紙膠帶或蠟紙等，以便讓賓客外帶剩餘的餐點。

自己也要玩得開心

不要把自己關在廚房拼命做料理，
也要走到外面跟大家一起坐在餐桌前面聊天同樂。

開宴主人不要太過拼命。千萬不要讓準備作業和做料理的辛勞把自己累癱，這樣的話，這場派對就泡湯了。請適時地放手將任務委託他人幫忙，例如可以試著向別人開口說：「主要的料理由我負責，因此甜點和飲料就麻煩你們囉！」、「我負責場地，那餐點就麻煩各位帶囉！」等，也是一種不錯的分工合作方式。另外，為了能在派對上與大家開心聊天，千萬不要自己一個人躲在廚房一直做料理喔！請在派對之前先把所有該準備的備齊，讓忙碌的時段只有在要準備出餐的時候。

甜點可以直接向店家訂購，或者請賓客幫忙準備是最好的。如果要親自製作，我建議最好選擇可以放個1～2天也沒問題的甜點，或者是放越久，吃起來的味道就越香的磅蛋糕。

PARTY 3 如何當一位有禮貌的好賓客

如果您是受邀的賓客，別忘了要對開宴的主人表達感謝之意。
看是要負責自備料理還是攜帶伴手禮前去。
如果能夠在攜帶方式和盛裝容器上多用點心思，那就更棒了。
雖然能幫忙的事情不多，不過還是期盼能跟大家一起好好享受這場派對！

自備餐點前往時，請準備可以立即端上桌的料理或點心

請勿攜帶必須再次借用廚房烹調的料理。

自備餐點時的時候，請以派對主題、思考其他同樣負責自備餐點的構成和年齡層等為依據，來琢磨菜單內容。如果自己不擅長做料理，也可直接向外面的店家訂餐後帶去。

來到開宴主人的家中，建議勿再向對方借調理用具或借瓦斯爐用火。因此，請攜帶即使冷掉也很好吃的餐點。畢竟開宴主人為了準備今天的派對料理已經很忙了，不要再進廚房叨擾。另外建議點心類要選一開始就已經分裝好的類型。

如果是單純被招待的情況，請帶一些耐放的點心或酒，以便待會兒可以邀請大家一同品嚐。

思考料理的盛裝方式以及如何佈置餐桌

即便是帥氣叫外燴，也要使用有品味的容器盛裝。

夏季時，將料理放進保冷袋裡。如果需要攜帶生火腿和起司，建議一併購買法式長棍麵包和鹹餅乾。如果有需要用手拿著吃的雞肉料理，也要一起附上餐巾紙。幫忙注意這些小細節，會讓賓客覺得您很貼心喔！

為了直接端出兼具美麗外觀的料理，請挑選有設計感的琺瑯容器，或者運用和菓子的盒子及漂亮的空盒子等盛裝料理，讓您的料理看起來更加美味！如果連放到餐桌上都能擺得漂漂亮亮，代表您是一位相當內行的高手喔！另外，也可以把料理直接放入鍋中，然後使用布包巾包裹好帶去，再放到餐桌上開鍋供大家享用也是一個不錯的點子。

最低限度的禮儀和對開宴主人的感謝之意

請說聲「謝謝！」感謝開宴主人的款待。

即使對方只提供場地，但是事前的準備和事後的清掃也相當費勁。因此，請務必要對開宴主人説聲「謝謝您的招待！」、「我玩得很開心！」等，向對方表達最大誠意的感謝。

另外，也可以利用布包巾或裝酒的手提袋把垃圾帶回家，減少垃圾的數量。在開宴主人許可的範圍內，幫忙清理現場或洗滌杯盤。別只沉浸在享受其中，結果喝到爛醉。確實拿捏好分寸，當一個有禮貌的優質賓客吧！

1 Jan 月

一年之始，萬象更新 準備精心烹調的料理 來款待賓客

大年初一不光只有年菜而已，
還有其他像是稻荷壽司、和風醃泡蔬菜和涼拌豆腐泥。
只要用心做好這些經典料理，
會比年菜更能得到賓客的歡心！

recipe by 松村佳子

根莖類和風醃泡蔬菜

材料（4人份）
牛蒡…100g
蓮藕…100g
紅蘿蔔…100g
白蘿蔔…100g
蒟蒻…100g
太白芝麻油…1/2小匙
※如果沒有的話，可用沙拉油代替。
高湯…300ml
A
- 米醋…100ml
- 淡色醬油…1大匙
- 味醂…1大匙
- 日本酒…2大匙
- 砂糖…1大匙

白胡椒粒…1大匙

作法
1 把牛蒡的外皮刮除，切成4cm長。如果太粗，就切成一半。蓮藕切成8mm厚的半月形。紅蘿蔔和白蘿蔔則切成8mm方角的棒狀。
2 把鹽巴（額外分量）撒在蒟蒻上，然後揉至軟化，再用清水把鹽巴沖掉，接著切成8mm方角的棒狀，再快速汆燙一下。
3 倒入太白芝麻油熱鍋，然後拌炒步驟2的蒟蒻，再加進步驟1的蔬菜，等整體的溫度上升之後，再加入高湯。
4 煮滾之後，去除澀味和浮沫，接著加入材料A，再次煮滾之後轉成小火，把根莖蔬菜類煮熟。等根莖蔬菜類都煮軟之後就熄火，然後放涼。
5 把所有食材盛入盤中，撒上白芝麻即完成。
※放入保鮮盒後冷藏，可保存一星期。

羊栖菜和小番茄拌豆腐泥

材料（4人份）
羊栖菜（泡軟）…100g
乾香菇…1片
紅蘿蔔…30g
小番茄…6個

A
- 高湯…1/2杯
- 味醂…2小匙
- 醬油…2小匙

木綿豆腐…1/2塊（200g）
白芝麻…3大匙

B
- 白味增…1小匙
- 鹽巴…1/4小匙
- 砂糖…1小匙
- 味醂…1小匙

作法

1 將羊栖菜泡入水中充分泡軟，再用濾網撈起並瀝乾水分。豆腐預先瀝乾水分備用。小番茄切成1/4塊，做為裝飾備用。

2 把香菇泡入水中泡軟，然後切成細絲。紅蘿蔔先切成3cm長，然後再切成細條。

3 把材料A放入鍋中，再放入羊栖菜和步驟2的食材然後開中火。大約煮個5～6分鐘後熄火放涼。等完全冷卻之後再用濾網撈起並瀝乾水分。

4 把白芝麻放入杵臼中研磨，然後再加入豆腐一起研磨。接著也把材料B加進去磨到黏稠為止。

5 在步驟4的杵臼中加入步驟3的食材和小番茄，混合攪拌之後盛入盤中，最後再放上裝飾用的小番茄就完成了。

速煎土魠魚
香橙果凍

材料（4～6人份）
土魠魚…300g
鹽巴…約體土魠魚重量的2%
蓮藕…200g
蕪菁…2個（300g）
鹽巴…1.5g
橄欖油…1大匙
【香橙橘子果凍】
橘子果汁…150ml
寒天粉…4g
水…100ml
A ┌米醋…100ml
　 │醬油…75ml
　 └酒…50ml
香橙皮（切細絲）…1/2個
細香蔥（切成3mm的蔥花）…適量

作法

1 土魠魚抹鹽靜置幾個小時。再放入熱好的平底鍋內快速煎一下表皮，然後泡入冰水，再切成容易入口的大小。
2 蓮藕切成1mm厚薄片，使用含鹽量約1%的鹽水快速汆燙，然後攤開放在餐盤上至不燙手的程度，確實把水分瀝乾。
3 將蕪菁切成半月狀，然後撒上鹽巴、拌上橄欖油，再放入平底鍋裡燜煎。
4 製作【香橙橘子果凍】把水和寒天粉加入鍋中仔細攪拌均勻，然後加入材料A，接著開中小火並持續攪拌，待煮滾之後再稍微把火轉小一點，然後加熱1分鐘。
5 把火熄掉，加入橘子果汁、香橙表皮混合攪拌，接著放進盛裝容器裡冷卻定型。
6 將步驟1、2、3盛入盤中，再把步驟5的果凍解體淋上，最後灑上細香蔥就完成了。

海鮮
蓮藕煎餅

材料（6個）

花椰菜…100g

芹菜…50g

蓮藕…150g

扇貝…150g

蝦子…120g

A
- 蛋白…120g
- 低筋麵粉…30g
- 鹽巴…1撮

太白芝麻油…適量

※如果沒有的話，可用沙拉油代替。

【番茄醬】

大蒜（切細末）…1片（8g）

洋蔥（切細末）…50g

番茄泥…250g

橄欖油…1大匙

鹽巴…約1/8小匙

黑胡椒…適量

作法

1 將花椰菜和芹菜分成小朵，然後放進加有鹽巴（額外分量，約材料的0.8%）的熱水裡快速汆燙一下。接著用濾網撈起後放涼。蓮藕磨成泥，蝦子和扇貝切碎。

2 把材料A放進調理碗中，然後確實攪拌到麵糊的顏色變白為止。接著加進蓮藕，並一併加入步驟1剩餘的食材。

3 在平底鍋上塗上一層薄薄的橄欖油，接著把步驟2的麵糊倒入並分成6等分，再把兩面煎成金黃微焦即可。

4 製作【番茄醬】把橄欖油和大蒜放進平底鍋中，慢慢逼出香氣。加入洋蔥快速拌炒一下後，再加入番茄泥燉煮約15分鐘，撒上鹽巴和黑胡椒調味。

5 把步驟3煎餅盛入盤中，再淋上步驟4的番茄醬就完成了。

稻荷壽司

材料（24個份）

米…3合

水…電鍋上標示的壽司飯水量

昆布…7cm×7cm

味醂…1大匙

【壽司醋】

A
- 醋…55ml
- 砂糖…2又2/3大匙
- 鹽巴…2小匙再少一點

白芝麻粒…1又1/2大匙

香橙皮…1/3個分（切細絲）

【豆皮】

壽司用豆皮…12張

B
- 高湯…2杯
- 砂糖…45g
- 黑胡椒…10g
- 味醂…2大匙

淡色醬油…1大匙

醬油…2大匙

作法

1 煮米前30分鐘先把米洗好，並用濾網撈起。接著用洗米水（約3杯量）把昆布泡軟。把米和味醂放進電鍋內，再用一般煮飯的水量加入昆布水，然後開始煮飯。

2 製作【壽司醋】把材料A放進鍋內後開火，讓砂糖和鹽巴融化。

3 製作【豆皮】把豆皮斜切成兩半，然後放進熱水裡，並蓋上鍋內蓋煮個1～2分鐘去油。接著把水分瀝乾，再加入材料B，一樣再蓋上鍋內蓋再煮個5～6分鐘。然後加進淡色醬油和醬油，把湯汁煮到剩下1/3的量後熄火放涼。

4 在剛煮好的米飯裡加進與人的肌膚差不多溫度的壽司醋，然後快速攪拌，並加入炒熟白芝麻做成壽司飯。

5 把米飯分成兩半，把香橙加進一半的米飯裡，趁溫度還熱著的時候，把它放進豆皮裡並塑好形狀。

6 剩下的另一半也跟步驟5一樣，趁熱放進豆皮裡並塑好形狀就完成了。

Food Sommelier Advice 01

關東與關西居然差別這麼大！稻荷壽司

稻荷壽司是在1月～2月的初午之日，前往位於京都的稻荷神社總本宮—伏見稻荷大社參拜時所吃的餐點，以時節來說，我覺得相當不錯。軟綿綿的豆皮，吃起來的味道跟市售的完全不同。即使沒有要做成稻荷壽司，只要冷凍起來妥善保存，之後要做成豆皮烏龍麵，或是加到火鍋裡當配料都OK。甜度依照個人喜好做調整，請您務必要把它列入自己的食譜。

醃泡蔬菜本身就有高湯的味道做調味，只需要一點點鹽巴，吃起來就會相當美味，是一道減鹽料理。美味的秘訣在於醃愈久、愈好吃，建議提前幾天就先做起來放。魚肉塊料理則是我覺得帶去派對的話，可以炒熱氣氛，因此才決定製作的菜色。抓準時機跟大家宣告「我有帶魚肉塊料理來喔～」，不但能成為聊天的話題，也讓人覺得你挺專業的。而讓人感到專業，也是款待他人時，很重要的元素之一。香橙果凍的話，由於它的味道具有衝擊性，配菜上除了沙拉外，也跟涮肉片或燒肉等肉類料理很合。

關於稻荷壽司的外型，關東是圓筒狀，關西則是三角形。在關東通常是把長方形的薄豆皮對切成兩半來使用，而關西則是有販售名為「壽司豆皮」的正方形油炸豆皮。

據說，關西式的油炸豆皮源自於京都的伏見稻荷。傳言位於伏見稻荷的稻荷山，它那三角形的山形，就是由狐狸的耳朵化成的。另外，關西稻禾壽司裡頭的米飯跟關東的白醋飯不同，關西會放入芝麻或麻籽。

雖然最近四角形的稻荷壽司愈來愈多，而「和食」也被聯合國教科文組織（UNESCO）列入無形文化遺產，但關西式才是我心目中真正的稻荷壽司。

關西的稻荷壽司是三角形

據說稻荷山的三角形山形，是由稻荷大神的使者—也就是狐狸的耳朵變成的。

關東的稻荷壽司是圓筒狀

「稻荷」的意思即是稻子的果實，代表「裝米的草袋」（俵）。據說因為這樣，才將它的外型仿照米袋做成圓筒形。

1月份的餐點調理師

松村佳子 ● MATSUMURA KEIKO

料理研究家/
食品指導協調師
（food coordinator）

於1991年進入土井勝家庭料理研究社服務。在已故的土井勝老師的門下學習家庭料理的精神，曾負責擔任調理指導、區域開發、店鋪開拓指導、研發菜單等要職，後來於97年時，以「希望幸福的料理可以傳遍海外，讓整個世界都豐盛起來」的理念為初衷，創立了「Table Ocean」。

除了研發食譜、與食品製造商共同研發商品之外，同時還經營料理教室，並在電視、雜誌、電台及Web網站等處負責料理監修、參與電視演出、擔任食品指導協調師等，將觸角延伸到跟料理有關的各個領域。

Cooking School 資訊

Table Ocean
http://www.tableocean.co.jp/

和食 中華料理 法國料理 義大利料理 民族料理 家庭料理 麵包・點心

料理教室為小班教學，以日本的家庭料理為中心，也能學到世界各國的料理。從最簡單的當季食材開始，衍生至招待賓客的饗宴、麵包與點心等，可自由選擇想要學習的課程。

2月 Feb

下午茶派對
讓整個人感到
輕飄飄的幸福時光

喜歡下午茶的您，
一定要辦一場下午茶派對。
歡迎來到全部都是甜點的夢幻世界。

recipe by 隈部美千代

栗子杯子蛋糕

材料
（6cm的瑪芬杯6個份）
【海綿麵糊】
全蛋…100g（約2個）
上白糖…110g
蜂蜜…5g
低筋麵粉…100g
杏仁粉…15g
泡打粉…2g
無鹽奶油…70g
鮮奶油…35ml
【栗子奶油】
栗子泥…130g
100&橘子果汁…30ml
柑曼怡…10ml
無鹽奶油…30g
【用於成品】
鮮奶油…100ml
糖漬栗子…6個
【裝飾用】
糖漬栗子…適量
金箔…適量

準備
① 將低筋麵粉、杏仁粉、泡打粉混合過篩。
② 把無鹽奶油和鮮奶油一起放入熱水中溶解。
③ 將烤箱預熱至180℃。

作法
1 製作【海綿麵糊】把蛋打進調理碗中，然後用電動打蛋器攪散。加進蜂蜜和上白糖之後，用電動打蛋器打至發泡。發泡的程度是，打到有點黏稠的時候把電動打蛋器拉起來，會看到「拉起的痕跡但又隨即消失」的程度。
2 把準備①的材料分2次加進去，再用橡皮刮刀從底部翻起攪拌。
※請攪拌到沒有麵粉顆粒，出現光澤為止。
3 加入準備②的材料混合攪拌，直到整體的光澤充分融合為止。
4 將材料均等倒入杯子裡，然後放進溫度180℃的烤箱烤30分鐘，再移到網子上放涼。
5 製作【栗子奶油】把栗子泥倒入調理碗中，接著慢慢加入橘子果汁，再用橡皮刮刀攪拌至綿柔滑順。
6 攪拌至綿柔滑順之後，再加入柑曼怡混合攪拌。
7 加入奶油，然後再用電動打蛋器確實打發至顏色變白為止。
8 【完成】把打發8分的鮮奶油加在冷卻後的海綿麵糊上面，再放上糖漬栗子。接著使用蒙布朗花嘴把栗子奶油擠成半圓形狀即可。
9 最後在上面放上糖漬栗子和金箔就完成了。

生巧克力
風味蛋糕

材料（直徑15cm型）
蛋黃…50g（約3個）
細砂糖…45g
調溫巧克力（甜味）…95g
無鹽奶油…55g
鮮奶油…45ml
蘭姆酒…10ml
蛋白（蛋白霜用）
…110g（約3個）
細砂糖（蛋白霜用）…60g
低筋麵粉…15g
可可粉…30g
糖粉（裝飾用）…適量

準備

① 把巧克力和奶油放進調理碗中，然後隔水加熱讓它融化，並維持熱度。
② 把低筋麵粉和可可粉混合過篩。
③ 將烤箱預熱至180℃。
④ 在蛋糕模具塗上奶油（額外分量），並灑上高筋麵粉（額外分量）。

作法

1 製作【蛋白霜】把蛋白和細砂糖放進調理碗中，然後用電動打蛋器以低速打至發泡。
2 蛋白霜要打到電動打蛋器拉起時，沾在上面的蛋白霜軟到像是在鞠躬一樣。
3 製作【巧克力糊】把蛋黃放進調理碗中，然後用打蛋器以畫圓圈的方式攪拌。接著再加入細砂糖，然後充分攪拌到顏色泛白為止。
4 加入準備①的材料混合攪拌。然後再依序加入鮮奶油和蘭姆酒混合攪拌。
5 加入準備②的材料，並以畫圓圈的方式攪拌到看不到麵粉顆粒為止。
6 【混合麵糊】把步驟2的1/3蛋白霜放入步驟5的調理碗中，再用打蛋器攪拌至輕微混合為止。接著倒回步驟2的調理碗中，讓麵糊自然流入打蛋器底下，然後攪拌5、6次。
7 換拿橡皮刮刀，把底部的麵糊像是翻面一樣翻起來充分攪拌。
8 【烘烤、出爐】把麵糊倒入蛋糕模具中，以180℃的溫度烤15分鐘，然後再調降到160℃烤15分鐘。
9 烤好之後移到網子上，待放涼至不燙手的程度後脫模，最後再灑上糖粉就完成了。

英式司康

材料（直徑6cm6個份）
低筋麵粉…100g
全粒粉…50g
泡打粉…6g
細砂糖…15g
鹽巴…1g
無鹽奶油…35g
鮮奶油…30ml
牛奶…65ml

準備

① 把所有的材料量好所需份量後先冰起來。
② 將烤箱預熱至210℃。

作法

1 把牛奶以外的材料全放進食物調理機裡攪拌。
2 待全部的材料都攪拌完成之後，再加入牛奶攪拌。
3 待攪拌至結成一塊麵糰之後，再取出放到調理台上，然後把麵糰擀成1.5cm厚。
4 用6cm的切模分割，然後放到烤盤上排好。
5 將剩餘的麵糰集合起來再次擀成1.5cm厚，然後再用切模分割。
6 用刷子沾牛奶（額外分量）塗在表面，然後放進烤箱調至210℃烤個15～20分鐘。
7 最後再依照個人喜好附上奶油或果醬就可以享用了。

熔岩巧克力蛋糕

材料（直徑5cm 6個份）

【甘納許】

調溫巧克力（甜味）…60g

鮮奶油…60ml

【巧克力糊】

調溫巧克力（甜味）…130g

無鹽奶油…130g

全蛋…110g（2個）

細砂糖…95g

低筋麵粉…70g

準備

① 將低筋麵粉過篩。

② 將烤箱預熱至170℃。

作法

1 製作【甘納許】把調溫巧克力放進調理碗中，然後再加入用微波爐微波過的鮮奶油（600W微波40秒左右）。

2 先別立即攪拌，先放置30秒之後，再用打蛋器慢慢攪拌。攪拌至鮮奶油充分混合、可以看到巧克力散發出光澤為止。

3 倒入密封容器裡，然後放進冰箱冷凍，之後再切成12等分。

4 製作【巧克力糊】把巧克力和奶油放進調理碗中，然後隔水加熱讓它融化，並維持熱度。

5 把全蛋和細砂糖放進另一個調理碗中，然後用打蛋器攪拌，並加熱至與人的肌膚差不多溫度。

6 將步驟4的巧克力糊加進步驟5的材料裡，以畫圓圈的方式混合攪拌。

7 把準備①的材料加進去，用打蛋器混合攪拌。攪拌至看不到麵粉顆粒後，拿橡皮刮刀把沾附在調理碗周圍的材料刮除，把材料集中在一起。

8 【烘烤】用湯匙把步驟7的材料慢慢倒進杯底，然後把步驟3的甘納許逐一放入。

9 最後將剩餘的材料均等地倒入，再放進170℃的烤箱烤20分鐘即可。

布朗尼

材料（15cm的正方形）
全蛋…75g（1.5個）
細砂糖…50g
調溫巧克力（甜味）…150g
無鹽奶油…60g
牛奶…40ml
蘭姆酒…5ml
低筋麵粉…60g
泡打粉…2g
核桃…40g

準備
① 把巧克力和奶油放進調理碗中，隔水加熱至融化，並維持熱度。
② 牛奶加熱至與肌膚差不多溫度。
③ 將低筋麵粉和泡打粉混合過篩。
④ 將烤箱預熱至170℃。

作法
1 把全蛋放進調理碗中，然後一邊用打蛋器攪拌一邊隔水加熱至與肌膚差不多溫度，並且攪拌到蛋黃和蛋白完全混合為止。
2 加入細砂糖，然後用打蛋器攪拌（無需打發）。
3 先加進準備①混合攪拌，再加入準備②用打蛋器攪拌，並加入蘭姆酒。
4 加進準備③用打蛋器攪拌。製作綿柔滑順、帶有光澤的麵糊。
5 倒入模具裡，並灑上粗碎顆粒的核桃，然後放進170℃的烤箱中烤個25～30分鐘。
6 烤好之後移至網子上放涼，最後再切成自己喜歡的形狀即完成。

Food Sommelier Advice 02

從透明的上蓋就可清楚看到裡頭的巧克力蛋糕，不禁讓人興奮感倍增！

情人節禮物就以高品味的漂亮包裝與其他人拉出差距吧！

這次，我要向大家介紹的是5款適合情人節派對的巧克力和人氣點心。不管哪一種都是可以在事前就先預備好的。

熔岩巧克力蛋糕是情人節甜點課程裡最受歡迎的品項。正式的巧克力蛋糕不但看起來有面子，當作禮物贈送肯定是大大地吸引眾人目光！初學者的話，建議可以先做比較簡單的布朗尼。

這次的杯子蛋糕，我是用草莓和覆盆莓代替以往的栗子奶油，呈現出可愛的形象。另外，如果要把司康當作伴手禮贈送的話，建議也把果醬或奶油裝瓶後一起帶去，這樣大家一定會很高興。

關於情人節禮物，我建議可以送巧克力蛋糕或布朗尼。先替巧克力蛋糕挑選一個尺寸合適的盒子，而為了避免巧克力蛋糕在盒子裡面碰撞造成毀損，請在底部鋪好紙絲增加緩衝性。紙絲除了有增加緩衝的功能以外，也有讓蛋糕看起來更漂亮的效果。包裝的時候，記得先用玻璃紙把巧克力蛋糕包好，然後再放進填滿紙絲的盒子裡。由於上層的蓋子是透明的，內容物一覽無遺，讓收禮的人光看就覺得很美味，收到禮物的心情也會更加興奮。除了盒子以外，對手工甜點來說，所有可以看見內容物的包裝方式，都是一種加分的技巧。

布朗尼的話，先把它等分切成小塊，然後包裝的時候，再貼上符合小塊尺寸的貼紙，除了讓整體的感覺看起來更協調，也能顯現出高格調的品味。或者，您也可以配合貼紙的大小來決定要把布朗尼切得多小塊。如果切得比較大塊，可以把幾塊重疊，然後再利用緞帶打個十字蝴蝶結綁好，看起來就會很可愛。若使用有彈性的緞帶或者彩色束繩來綁，相信簡單就能夠完成。

2月份的餐點調理師

隈部美千代 ●KUMABE MICHIYO

點心研究家/製菓衛生師

自2006年起，開始主持以「禮物點心」為主題的點心教室——Sweet Ribbon（東京，門前仲町）。曾在Le Cordon Bleu東京校、巴黎Lenotre以及德國、瑞士等國內外的料理教室學習點心、料理與麵包。不只教授失敗率較低的基礎料理和專家技術的知識，就連器具的保養到禮品包裝都相當用心地講解，因此擁有很高的評價。除了替企業公司設計菜單以外，在書籍、雜誌、電視等領域都相當活躍。著書有《濃厚スイーツ》（暫譯：濃厚甜點）、《グラススイーツ》（暫譯：玻璃杯甜點）等多本著作。

Cooking School資訊

點心教室Sweet Ribbon
http://michiyokumabe.com/

麵包・點心

從基礎開始學到精通為止。屬於循次漸進式的升級制課程。從食材計量到最終成品，全仰賴自己一個人完成。有開設配合當季水果或各式節慶活動的單次課程，也有理論性的點心研究課程等多樣課程可供選擇。

部落格資訊

Sweet Ribbon
點心和夥伴們
http://ameblo.jp/sweet-ribbon/

料理家與
本書編輯部
共同推薦！

真心推薦！我愛用的餐廚用品

想著該怎麼開派對也是一件很快樂的事耶！
本單元將要介紹料理家和編輯部同仁實際都有用過的好用良品給大家。
歡迎當作料理搭配和造型時的參考指標喔！

完全不覺得這是只能用一次的免洗餐具 WASARA的紙質容器與餐具

●料理家：沙希穗波

有溫度的質感再加上具有設計感的造型，充滿魅力的免洗餐具。完美融入各種室內風格，成為空間設計的一種裝飾。另外，這是一款擁有環保概念的產品，請安心使用。曾經引發熱烈討論，因此仿製品也很多。詳細資訊請洽WASARA（P.126）。

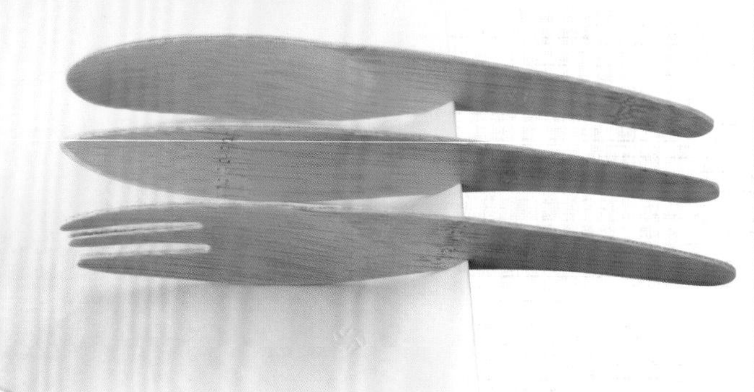

不挑場合的萬用款 造型簡約的餐具

刀子和叉子等餐具，建議挑選造型簡約、不論任何派對都適用的萬用款。在大型家具量販店通常都會販賣數量較多支的大包裝量販組。

好捨不得用！漂亮的餐巾紙

派對佈置的決勝關鍵就掌握在餐巾紙上。請配合派對的類型，準備素色或印花樣式的餐巾紙。可以到百圓商店找看看有沒有自己喜歡的款式喔！

好事多的 附杯架餐盤

由於是塑膠材質，因此就算遇水也不會軟化。餐盤已分隔好，還附有可放紙杯的杯架，相當好用。詳細資訊請洽好市多（P.127）。

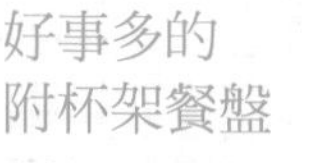

可微波！有蓋子的紙質容器 方便攜帶

可以將分量較少的料理裝在裡面帶著走。不會太費事，適合自備餐點和野餐時使用。

可愛的程度再度進化 印花蠟紙

攜帶餅乾和麵包前往派對時，用蠟紙包裝超好用。具有時尚感又可愛的蠟紙，也能當作一個小點綴。

溫柔的自然風觸感 BAMLEE的竹製容器

竹製用品擁有優異的防腐性、抗菌性和保濕性，是一種可以直接放進蒸籠或用微波爐加熱的優良產品。詳細資訊請洽BAMLEE（http：//www.bamlee.net/）。

在巴黎看見的
布質長棍麵包提袋

派對上時常出現的長棍麵包，雖然可以裝著紙袋就送人，但放入專用的提袋，卻更顯樂趣呢！

光是靜靜觀賞
就覺得很好吃
玻璃蛋糕罩

就是要先觀賞一下，外型可愛的甜點。這種可以放下整個圓形蛋糕的玻璃罩最好用。另外，也可以把蓋子拿掉，在裡面擺放花束也不錯。

絕佳的使用手感
出餐時
不可或缺的小幫手

●料理家：寺脇加惠

可將食物緊緊夾住不鬆脫，兼具設計感與實用性的餐夾。擁有摩擦力，因此可以漂亮分菜。

具有設計感的
漂亮圍裙

●料理家：山田玲子

可以直接穿著外出赴宴的圍裙。穿起來相當舒適，也不容易產生皺褶的優質良品。照片是料理家山田玲子穿搭的樣式。詳細資訊請洽Giocraft（P.127）。

不知不覺愈囤愈多
可愛的緞帶收藏

收藏許多漂亮的緞帶，如果要帶自己做的手工餅乾赴宴時，可以用來束口，之後要用蠟紙包裝餐點時，可再用緞帶綁好。

讓派對更嗨
利用蠟燭營造氣氛

派對不一定要走雅致路線。也可利用既流行又可愛的蠟燭和燭台把餐桌裝飾得繽紛華麗。

於美國購入
令人滿意的保冷袋

一直想要一個方便好用、外觀也不錯的保冷袋，於是在美食超市「WHOLE FOODS」購得。設計美觀又輕巧，價格也很公道。

料理家與
本書編輯部
共同推薦！

真心推薦！我愛用的餐廚用品

可將做好的冰沙和湯品帶著走 性能相當優異的機種

●料理家：森崎繭香

體積小又輕巧，因此相當方便好用。壺身即為可以帶著走的隨行杯，減少清洗機器的麻煩。除了可以帶去派對以外，帶便當的時候也可以附上一杯果汁或湯品。詳細資訊請洽IDEA INTERNATIONAL（P.126）。

購於舊金山 點綴派對的調理用品

●料理家：寺脇加惠

表面嵌有杉木或櫻桃木等芳香木材的不銹鋼托盤。如果把肉放在這上面烘烤，即會染上一抹微香。由於本身就是設計成可以直接端到餐桌上的樣式，因此也能成為一種點綴。

成為眾人討論的焦點 花朵造型的湯匙

●料理家：森崎繭香

做成花朵形狀的湯匙，有桔梗、櫻花、三色堇、玫瑰和向日葵等花卉。可愛的外型和使用的手感肯定會讓大家忍不住討論一下。也可在主餐享用完畢後，跟著下午茶一同出場。

派對專用的免洗筷 稍微換個風格

●料理家：沙希穗波

於泰國購入的免洗筷。只要告知這是國外購入的產品，又加上看起來蠻漂亮的包裝，就能引發眾人討論。

可愛的外型讓人愛不釋手 矽膠隔熱取盤夾

採用耐汙防水的矽膠材質，顏色繽紛多彩。適合整體風格走流行路線的派對。

購於韓國的 酒瓶束口套

款式眾多，同時附有束口吊飾，價格只要幾百圓，因此大量採買。帶酒赴宴時，可連同束口套一併贈送，對方一定會很高興。

一眼就看出哪個是自己的杯子 MoMA彩色記號分辨環

於派對的餐桌上一眼就看出哪個是自己的杯子。這是由Eric Janssen設計的彩色記號分辨環。加上這個分辨環，讓杯子看起來特別有不一樣的感覺。如欲購買請洽ANT DESING STORE（http：//www.antdesignstore.com/）。

倒酒不滴漏 神奇的瓶口環

只要把它套在瓶口，就可避免倒酒時滴漏在瓶身。本身的材質是磁鐵，因此也能固定便條紙，當作時尚的磁鐵貼使用。

平常使用的保存容器 也可直接帶去派對

簡約的保存容器，可用來填裝果醬、糖漬水果和沙拉醬等。可運用的範圍相當廣闊，多準備幾個準沒錯。

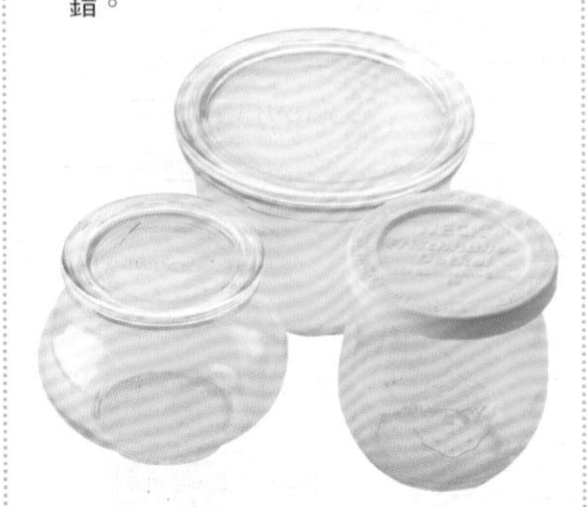

看起來就像是黃金糖一樣 繽紛多彩的派對點心叉

多用於派對場合的點心叉。如此可愛的點心叉，拿出來的時候大家也會一起尖叫說「好可愛」吧！

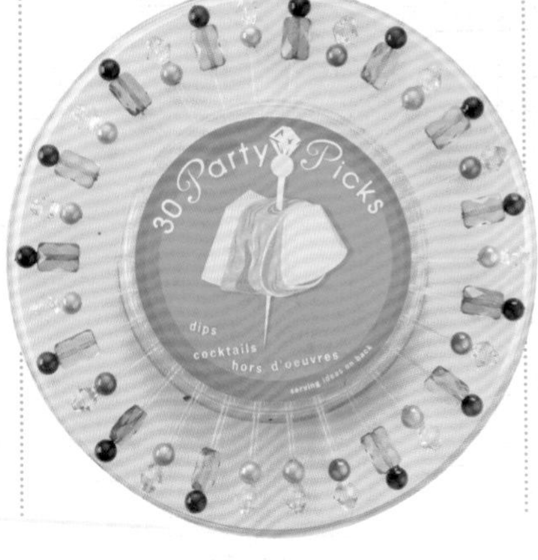

自製汽泡水 口感暢快的汽泡水機

●料理家：森崎繭香

在家輕鬆製作汽泡水。可以在派對上親自示範製作蘇打汽泡水，藉此炒熱氣氛，不管能不能喝酒的人都能一起同樂。詳細資訊請洽IDEA INTERNATIONAL（P.126）。

外型漂亮的 醬油噴霧器

把醬油填裝在噴霧器裡面，再對著料理噴灑即可。無需再使用小盤子盛裝醬油。外型漂亮的款式非常多，應該可以找到最適合派對使用的款式。

完全捨不得丟掉！ 裝點心的空盒子

這種別人致贈薄禮時，用來裝點心的盒子，讓人實在無法丟棄。不過，正好可以用來當作派對上裝飾的小物或者用來裝一些小東西帶去派對，您覺得如何呢？

看不出來只要100圓 可愛的餐墊

只要一張自然風的餐墊，立即可以改變原本派對的格調。不僅款式眾多、價格又實惠，請盡情享受豐富變化的多種風格吧！

榮獲設計賞金大賞產品！ 花樣抹布

摺疊擦拭時吸水力超強，但是攤開來又能迅速晾乾的優質良品。詳細資訊請洽中川正七商店（http：//www.nakagawa-masashichi.jp/）。

用過一次就愛不釋手 專業職人手工製作的杵棒

●料理家：成澤正胡

不只可以用來研磨芝麻，早在20年前就有用來當作搗泥器使用。由於忘記當時是在那裡購買，因此在因緣際會之下，便請認識的木工師傅幫做一個。而一直很想要的學生收到後還開心得喜極而泣。

3月 Mar

讓女孩子歡天喜地繽紛可愛的女兒節

女生不管到了幾歲都還是會歡天喜地的慶祝「女兒節」。
將散壽司和蛤蠣等傳統美食一盤接一盤端上桌，
組合成繽紛可愛的料理大餐。

recipe by 朝長章代

香烤麵包粉蛤蠣

材料（4人份）

蛤蠣（中型大小）…8個

油菜…70g

※這裡使用的是綠花椰。

白酒…50ml

麵包粉…適量

A
- 奶油…20g
- 洋蔥…1小匙
- 大蒜…1小匙
- 巴西利…1小匙
- 鹽巴…適量
- 胡椒…適量

橄欖油…1小匙

作法

1 將蛤蠣連殼確實搓洗乾淨。然後把綠花椰快速汆燙一下。奶油放室溫軟化。洋蔥、大蒜、巴西利切細末。

2 把蛤蠣放入鍋內，注入白酒後開大火。待白酒煮滾後，蓋上鍋蓋加熱。煮到蛤蠣開口立即熄火，然後放涼到不燙手的程度。

3 加進材料A混合攪拌。

4 蛤蠣肉和殼剝離，接著逐一加入步驟3的材料A約1/2小匙，然後撒上麵包粉後，放進小烤箱或用烤箱的燒烤功能烘烤至呈金黃色。

5 把步驟2的蛤蠣燉汁煮滾，然後放進綠花椰，試一下味道後放進鹽巴、胡椒（額外分量）、橄欖油後熄火。

6 步驟5的綠花椰盛入盤中，然後擺上步驟4的蛤蠣即可。

香烤鮮蝦與
花椰菜咖哩風味

材料（4人份）
蝦子…8尾
花椰菜…1/2個
鹽巴…適量
胡椒…適量
橄欖油…適量

A
- 蛋黃…1個
- 美乃滋…35g
- 起司（絲狀）…10g
- 咖哩粉…1/4小匙

義大利巴西利（切細末）…適量

作法

1 蝦子剝殼並抹上少許鹽巴，然後用清水將黏液清洗掉。之後放到廚房紙巾上吸乾水分，再用鹽巴和胡椒預先調味。
2 把花椰菜分成小朵後水煮，然後用濾網撈起瀝乾水分。
3 在平底鍋內加入橄欖油熱鍋，然後把步驟1的蝦子放進去快速煎一下表面後拿出來。
4 把材料A放進調理碗中充分攪拌做成醬料。
5 把蝦子和花椰菜放到耐熱容器上排好，然後淋上步驟4的醬料，接著放進250℃的烤箱烤個8分鐘，最後再灑上義大利巴西利就完成了。

蔬菜滿點的義式水煮鯛魚

材料（4人份）

鯛魚（切片）…4片

A
- 白酒…1大匙
- 大蒜…1瓣
- 百里香…2根

蓮藕…100g

白菜…200g

青蔥…1根

小番茄…8個

豌豆…4個

白酒…100ml

鹽巴・胡椒…各少許

橄欖油…1小匙

作法

1 用材料A塗抹鯛魚，然後靜置10分鐘。

2 把白菜切成一口大小，青蔥切成4cm長的塊狀。蓮藕削皮，然後切成5mm的圓片，接著泡入醋水中。小番茄則清洗乾淨。豌豆去蒂頭並撕掉粗纖維，然後剝成兩半。

3 把橄欖油加進鍋子裡熱鍋，然後拌炒青蔥和蓮藕，等所有食材都吃到油之後，再加入白菜拌炒，放上步驟1的鯛魚（逼出來的汁液不要放入，只放大蒜和百里香即可）。接著淋上一圈白酒後蓋上鍋蓋，以中火煮個10分鐘。

4 把小番茄和豌豆加入步驟3的鍋中，然後再蓋上鍋蓋煮5分鐘後熄火。

5 最後淋上一圈橄欖油，加入少許鹽巴和胡椒調味即完成。

利用義式水煮魚的煮汁煮義大利麵

使用造型短麵150g（推薦使用螺旋麵或蝴蝶麵）水煮。把造型短麵放入還在滾的煮汁中攪拌水煮，煮好後盛盤再淋上檸檬汁即可。

美麗奢華的散壽司

材料（4人份）

米…2合（360ml）

水…400ml

【壽司醋（好做的分量）】

A
- 米醋…100ml
- 砂糖…70g
- 鹽巴…15g

昆布…10ml

生魚片…綜合拼盤250g左右
（鮪魚、扇貝、鮭魚、鮭魚卵等）

雞蛋…3個

砂糖…1大匙

鹽巴…1/4小匙

豌豆…6根

芥末…適量

醬油…適量

作法

1 製作【壽司醋】把材料A放入鍋內，注意不要煮滾，然後把砂糖攪拌至融化。砂糖融化之後加入昆布，然後放涼。

2 製作【壽司飯】把米清洗乾淨，然後用濾網撈起並瀝乾水分。接著移入電鍋加水浸泡30分鐘後開始煮飯。煮好之後放入壽司飯桶或較大的調理碗中，將步驟1的壽司醋倒約80ml到飯匙上，然後把飯拌一拌。拌的時候記得要拌得迅速又均勻，並用扇子搧風，冷卻至不燙手的程度。接著蓋上擰得超乾的抹布，避免米飯乾掉。

3 準備【食材】把鮪魚、扇貝和鮪魚切成1.5cm的小丁。

4 把蛋打進調理碗中，接著加入砂糖和鹽巴攪拌，並在熱好的平底鍋上塗上一層油（額外分量），煎一個薄蛋皮。把煎好的長方形薄蛋皮橫向對切成兩半，然後再對折。接著在連接處切幾道2～3mm切痕，然後抓住邊端轉一轉做成花朵的樣式。轉好之後用牙籤固定，待盛盤的時候再把牙籤拿掉（最後約可做6～8個蛋花）。

5 去掉豌豆的蒂頭並撕掉粗纖維，然後放進加有鹽巴的熱水快速汆燙一下，接著再泡進水裡。之後把水分徹底擦乾後把它剝成兩半。

6 待壽司飯放涼至不燙手的程度時，隨即盛入盤中，接著用步驟3、4的食材和鮭魚卵漂亮地裝飾好，再撒上步驟5的豌豆。最後再附上芥末醬即可端上桌。

吃得到顆粒的草莓奶酪

材料（4人份）
草莓
…330g（肉身淨重）
細砂糖…85g
牛奶…90ml
明膠粉…5g
水…2大匙
鮮奶油…180ml
裝飾用草莓…50g
蜂蜜…2小匙
薄荷…適量

作法

1 把草莓洗清乾淨並去蒂。明膠粉則是加水浸泡。
2 將草莓放入調理碗中，再用叉子等器具把它搗碎，接著加進細砂糖充分攪拌均勻。
3 把牛奶加入步驟1的明膠裡，然後隔水加熱。待明膠融化之後加進步驟2的調理碗裡，並用打蛋器好好地攪拌。充分攪拌均勻之後，讓調理碗的底部接觸冷水，然後繼續攪拌至稠狀。
4 將鮮奶油放進另一個調理碗中，一樣讓調理碗的底部接觸冷水，然後打發至6分，然後分3次加進步驟3的調理碗裡。之後移置容器裡，放入冰箱冷藏冰2個小時左右。
5 把裝飾用的草莓切一切，然後和蜂蜜混合在一起，最後放到凝固好的步驟4上，再以薄荷葉裝飾就完成了。

Food Sommelier Advice 03

建議也可把蕾絲襯紙（墊在蛋糕底下的襯紙）當作餐墊來使用。

利用和紙或蕾絲襯紙來製作派對上的好用小物

女兒節的餐點是我最想要傳遞的重要傳統飲食，絕對不能少了最經典的散壽司。為了在未來不管哪個年代都能開心地享用蛤蠣、壽司及鯛魚等女兒節或祝賀用的食材，所以才把他們通通都列入在我的菜單內。

這次的散壽司，只是把生魚片切好放在上面而已，是一道絲毫不費工夫的海鮮散壽司。壽司醋要是久放，昆布的甜味就會融在裡面變得更加美味，因此，可以多做一點放在冰箱冷藏，等到需要的時候馬上就可以使用，隨時都可以快速將壽司做好。

雖然料理變成了西式風格，但我並沒有忽略作為女兒節核心的「和」式，因此採用了和紙或和紙風格的包裝紙做搭配，不知您覺得如何呢？除了可以將包裝紙裁切成合適的大小做成餐墊，也可以將長邊連接起來做成桌旗使用。顏色方面的話，可以選擇色調較柔和的粉紅色、黃色或綠色，比較符合女兒節的形象。如此一來，根本無需擔心會弄髒，尤其是小孩子參加的派對，心情上也會比較輕鬆。

另外，可將盛裝甜點的容器換成有蓋子的瓶子，光是裝在裡面看起來就會很漂亮！這種令人興奮感倍增的呈現方式，小朋友們也會玩得很開心喔！

朝長章代

食品造型師（Foodstylist）

主要擔任室內家具店的商品陳列以及活動企劃&營運的工作。特別是經手了多項跟飲食有關的案子，累積了深厚的經驗後，即邁向餐飲之路。在經歷咖啡店的廚房事務、料理家助理、雜誌、書籍及電視台的拍攝現場等多項實務經驗後，最終以食品造型師的名義獨立。目前以東京和大阪作為據點，除了在Web連載、型錄、雜誌與書籍等處負責擔任食品造型以及餐桌佈置工作以外，業務也涵蓋提供食譜給各大公司、開發商品與設計咖啡店的菜單等。

Cooking School 資訊

最輕鬆的佳餚與點心的教室『Canteen』
http://akitomona.petit.cc/

點心

想著「如果每天都有好吃的點心常伴左右，一定天天都是好日子」，於是開設了烤點心教室。有使用當季素材的點心課程，偶爾也會開設以菜餚為主的專班。不論哪一種課程，它們的重點都是「放輕鬆」。

部落格資訊

食品造型師的幸福食堂
"Canteen302"
http://ameblo.jp/cateen302/

4月 Apr

春天來了！派對的主角是新鮮的春季蔬菜

新生活的一開始
就是要吃山中野菜、蘆筍和豌豆等蔬菜。
就讓我們大量使用春季蔬菜來慶祝春天的到來吧！
這些菜色也很適合賞花時享用喔！

recipe by 寺脇加恵

鯛魚和鹽漬櫻花蝦配上　醃泡義式薄片生牛肉

材料（4人份）
櫻桃蘿蔔…3個
蕪菁…1個
春季蔬菜（依照個人喜好）…適量
※這裡使用的是豌豆莢。
鯛魚…200g
鹽漬櫻花…20個
橄欖油…40ml
嫩菜葉…適量
粉紅胡椒…5～6粒
檸檬（依照個人喜好）…適量

作法

1 把櫻桃蘿蔔和蕪菁切成超薄的薄片，鯛魚以斜切的方式切下魚肉。豌豆莢放入加有鹽巴的熱水裡快速汆燙一下，然後切成絲。把鹽漬櫻花的鹽分洗掉，然後仔細切碎。
2 將步驟1的食材放進調理碗中，接著加入橄欖油搓揉攪拌後放進冰箱冰1～2小時左右。
3 把嫩菜葉放進步驟2的調理碗中拌一拌，再撒上粉紅胡椒即可。最後可依照個人喜好決定是否要淋上檸檬汁。

油炸櫻花蝦、章魚和野生蔬菜
附辣椒醬

材料（4人份）
櫻花蝦…200g
章魚…180g
山中野菜…適量
甜椒（黃）…1個

A
- 白味噌…10g
- 甜蝦醬（有的話）…20ml
- 橄欖油…20ml
- 白胡椒…適量

B
- 雞蛋…1個
- 片栗粉…100g
- 水…40g

鹽巴…適量
炸油…適量

作法

1 將章魚切滾刀塊。然後把甜椒放進180℃的烤箱當中烤個10分鐘，接著把蒂頭、種子和皮去掉。
2 把步驟1的甜椒跟3/4的材料A混合在一起，然後再放進調理機攪拌。
3 將材料B放進調理碗中攪拌均勻，然後加入3/4量的櫻花蝦，讓章魚塊沾滿櫻花蝦。
4 熱好炸油，接著慢慢倒入步驟3的食材，然後快速油炸至周邊酥脆為止。另外也把山中野菜沾一點材料B下去油炸。
5 把剩餘用來裝飾的1/4櫻花蝦拍上一點片栗粉（額外分量），以170℃的油炸3～4分鐘。
6 在步驟4、5的食材上輕輕撒上一點鹽巴，然後盛入盤中，並淋上步驟2的醬料，最後再把剩餘的1/4甜椒切成細絲裝飾就完成了。

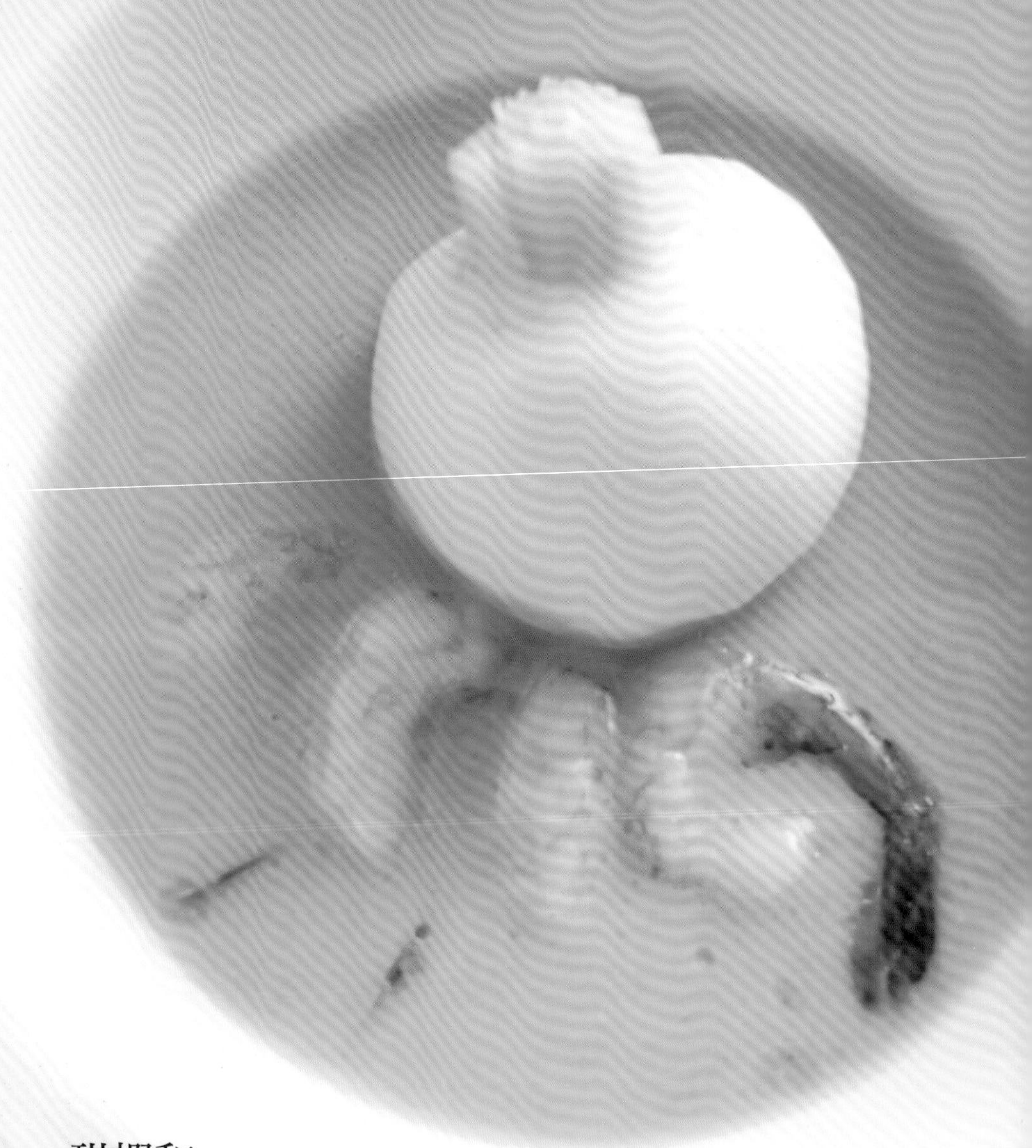

甜蝦和
豌豆冷湯

材料（4人份）
甜蝦…12尾
蕪菁…4個
豌豆…200g
牛奶…60ml
水…300ml
鹽巴…少許
白胡椒…少許
橄欖油…適量

作法

1 把甜蝦的頭去掉、身體的殼剝掉，淋上橄欖油醃泡。接著將一撮鹽巴和蝦頭放進煮滾的沸水中，煮汁備用。
2 蕪菁去皮用步驟1的煮汁煮到入味。
3 把豌豆連同200ml步驟2的煮汁和牛奶一同放進攪拌機攪拌至綿柔滑順。
4 把步驟2的蕪菁盛入盤中，然後注入步驟3的醬汁，再裝飾上醃泡過的甜蝦，最後再撒上白胡椒就完成了。

法式燉羔羊肉加春季蔬菜

材料（4人份）
帶骨羔羊排…600g
白酒…4大匙
芹菜…1根
紅蘿蔔…100g
洋蔥…1個
大蒜…2瓣
橄欖油…40ml
A
- 番茄罐頭…1罐（400g）
- 白酒…400ml
- 鹽巴…適量
- 胡椒…適量
- 月桂葉…2片

抱子甘藍…8個
蘆筍（依照個人喜好）…適量

作法

1 用白酒塗抹羔羊排後靜置。芹菜切成10cm長，然後再縱切成兩半。紅蘿蔔切成3cm大丁。洋蔥和大蒜切細末。抱子甘藍對切成兩半。
2 把橄欖油加進平底鍋中熱鍋，然後放入洋蔥和大蒜拌炒。羔羊排的兩面都要撒上鹽巴，然後拍點小麥粉（額外分量）後稍微煎一下。
3 將步驟2的羔羊排和步驟1的芹菜和紅蘿蔔放進鍋中，接著加進材料A後開火。煮滾之後轉成小火，然後煮個30分鐘。
4 放進抱子甘藍和蘆筍，注意不要煮到散掉。接著試一下味道，再用鹽巴（額外分量）斟酌調味即完成。

春季高麗菜和鯷魚螺旋麵

材料（4人份）
春季高麗菜…1/2個
紫萵苣（依照個人喜好）…4片
洋蔥…1個半
大蒜…2瓣
鯷魚罐頭…2罐（90g）
義大利麵（螺旋麵）…280g
白酒…30ml
鹽巴…適量
胡椒…適量

作法

1 把高麗菜和紫萵苣清洗乾淨，然後用手撕成3cm小塊。接著用菜刀把鯷魚仔細地拍碎（罐頭裡的醬汁要留著備用），洋蔥、大蒜則是切成細末。
2 煮一鍋3ℓ（額外分量）的沸水，接著加入鹽巴，然後開始煮義大利麵。
3 將鯷魚罐頭裡的醬汁和大蒜加進平底鍋中，香氣飄出後再加入洋蔥拌炒至熟軟為止。這時再把鯷魚加進去，轉弱火加熱至飄出香氣，然後加入白酒轉中火，煮至酒精成分揮發掉。
4 義大利麵起鍋前1分鐘加進高麗菜，接著用湯杓舀一瓢煮汁加進步驟3的平底鍋裡，然後用濾網把義大利麵撈起，再跟高麗菜一起放入平底鍋中。
5 攪拌時，注意要讓義大利麵充分吸飽平底鍋中的湯汁，煮到湯汁稍微蒸發掉。最後再加上紫萵苣，並用鹽巴和胡椒調味，就完成了。

Food Sommelier Advice 04

寺脇加惠 ●TERAWAKI KAE

世界各國料理主廚

日本上智大學畢業。在學期間以服飾創業，並旅行走訪全球50個國家，學習世界各國的飲食文化。

業務範圍有世界各國料理的外燴服務、設計餐飲店菜單和店鋪開拓（擁有開拓32間店鋪的漂亮成績）等。此外，於市內的大使館網站上推廣的飲食教育活動，也高達50個國家參與。

把甜椒醬墊在下面，再把櫻花蝦、炸章魚和綠蘆筍放上去。

可以就這樣直接帶去賞花?! 派對上隨手拿餐點的推薦品項

此時適逢賞花最佳季節，因此前菜就以會讓人感到華麗的櫻花口味打頭陣。配色上除了要有春天氣息以外，還加入了少量白味噌等「和風」佐料，並且大量使用了櫻花蝦、豌豆、野菜和蘆筍等春季食材。

作為主菜的法式春季燉羊肉，在派對前2天就可準備好，醃泡醬汁和湯品可在前1日準備，義大利麵和炸物則是當天再準備即可。只要按照步驟、循次漸進地做好每一階段該做的事，整套餐點其實一點也不困難。只要準備不困難，開宴主人也能放輕鬆享受派對的樂趣。

另外，「櫻花蝦和章魚、油炸野菜」、「甜蝦與豌豆的冷湯」，也可做成一口大小的派對餐點。像這種時候，即便是小口尺寸的餐點也不忘用心配色，以及為了讓味道嘗起來更具衝擊力而將口味稍微加重，是非常地重要的細節。

如果是自備餐點的話，通常餐點的主體和配色早就定案了。像是「法國好吃的東西」主題等，會是以國家或區域來劃分。另外，為了避免大家帶來的食物全都偏向碳水化合物或炸物，請先訂下2道餐點是由開宴主人準備的規定。

開宴主人所準備的餐點，是以賓客的年齡、職業、不同年齡層的喜好、主要賓客的喜好等為依據，仔細思考過後決定的。如果全部的餐點幾乎都是由開宴主人準備的派對，那麼賓客通常只要負責攜帶符合主題的酒類（例如「氣泡」類型）前往參加即可。

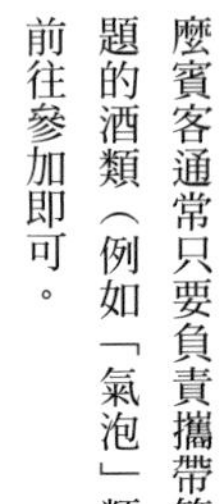
使用明膠把豌豆湯凝固變成凍狀，然後再擺上醃泡甜蝦和燕菁

5月 May

大家齊聚一堂的日子，清爽的初夏菜餚。

正值夏風舒爽，遍地綠意盎然的時期。
這個季節在陽台或涼亭開派對好像也很不錯耶！
在黃金週或母親節時，適合全家人共同享用的清爽餐點。

recipe by 成澤正胡

咖哩風味義式
鯷魚熱沾醬

材料（4人份）
大蒜…1個（5～6瓣）
牛奶…250ml
鯷魚…6尾
橄欖油…50ml
甜脆豌豆…12根
南瓜…1/4個
櫛瓜…1條
甜椒（紅色、黃色）…各1/2個
咖哩粉…適量

作法

1 將大蒜的薄膜剝掉搗碎。接著把牛奶和大蒜放進小鍋子內用小火燉煮，待把大蒜煮軟後，再用馬鈴薯壓泥器壓爛。之後加入鯷魚攪拌，待形體消失後再加入橄欖油拌勻，然後撒上咖哩粉。
2 撕掉甜脆豌豆的粗纖維後水煮。接著把南瓜切成薄片，櫛瓜縱向切成6等分約3～4cm長。甜椒則是切得大塊一點。
3 在平底鍋內加入少量的橄欖油（額外分量）熱鍋，加入步驟2的南瓜和櫛瓜煸炒。
4 把蔬菜盛入盤中，然後附上步驟1的義式鯷魚咖哩熱沾醬即可享用。

油炸鰹魚搭配脆口蔬菜沾醬

材料（4人份）

鰹魚…1條

鹽巴・胡椒…適量

小麥粉+水
…粉和水的比例是2：3

麵包粉…適量

油…適量

【脆口蔬菜醬】

紫色洋蔥…1/2個

青椒…1個

小番茄…6個

香菜…1根

A
- 檸檬汁…1大匙
- 橄欖油…1又1/2大匙
- 鹽巴…1撮

作法

1 製作【脆口蔬菜醬】把紫色洋蔥、青椒、小番茄切成5mm的小丁，香菜切花，然後用材料A調味。

2 將鰹魚切成1cm寬，接著撒上鹽巴和胡椒，然後浸入小麥粉和水混合好的液體裡（稱作小麥糊），然後裹上麵包粉。

3 放進170℃的油鍋裡炸至金黃色（鰹魚可以不必炸到全熟也沒關係）。

4 把步驟3的油炸鰹魚盛入盤中，淋上步驟1的蔬菜醬就完成了。

新馬鈴薯泥、絞肉醬

材料（4～6人份）
新馬鈴薯…4個
玉米粒…2大匙
綠花椰…1/4個
鹽巴…適量
胡椒…適量
奶油…2大匙
雞絞肉…200g
薑…1個拇指節
A
酒…50ml
味醂…50ml
醬油…50ml
水（如有高湯就使用）…100ml
片栗粉水…2～3大匙

作法

1 馬鈴薯可以連皮燙煮，或者蒸好之後趁熱磨成泥，再用鹽巴、胡椒和奶油調味。綠花椰分成小朵，然後用鹽水燙煮，再切成5mm厚。
2 薑切細末。把雞絞肉放入鍋中，接著把薑末和材料A一起放進去充分攪拌，然後開火。
3 待雞絞肉煮熟之後，再加入玉米粒和綠花椰，然後再倒入太白粉水勾芡。
4 把步驟1的馬鈴薯泥盛入盤中，最後再淋上步驟3的料即可。

蠶豆與章魚的雜燴飯

材料（4人份）
洋蔥…1/2個
蠶豆…80g（肉身淨重）
章魚…200g（腳2條）
橄欖油…2大匙
米…2合
水…360ml
月桂葉…2片
鹽巴…1/3小匙
帕瑪森起司…3～4大匙
黑胡椒…適量

作法

1 洋蔥切成細末。蠶豆水煮後把薄膜去掉。章魚切成薄片。米要在煮前30分鐘以上先洗好，用濾網撈起備用。
2 在平底鍋內倒入橄欖油熱鍋，把洋蔥放進去拌炒。
3 把洗好的米放入電鍋，接著先加入步驟2的洋蔥和章魚，再放入水和月桂葉，就可以開始煮飯。
4 最後在步驟3的飯內加入蠶豆，再用鹽巴、帕瑪森起司和黑胡椒調味就完成了。

橘子起司瑪芬

材料（瑪芬杯6個份）
無鹽奶油…60g
奶油起司…50g
橘子…120g（留一點裝飾用）
低筋麵粉…120g
泡打粉…1小匙
細砂糖…60g
雞蛋…1個
A 優格…2大匙
A 柑橘果醬…2大匙
杏仁片…適量
※橘子可用當季盛產的柑橘類（八朔橘、甘夏、葡萄柚、文旦等）代替。

作法
1 無鹽奶油放室溫軟化。奶油起司切成小丁。橘子剝皮、去籽，然後留一點之後裝飾用。將低筋麵粉和泡打粉混合後過篩。
2 把細砂糖加進步驟1的無鹽奶油中，然後混合攪拌做成無鹽鮮奶油。
3 打一顆蛋分2～3次加進步驟2中，待攪拌至綿柔滑順之後，再加入材料A和步驟1的奶油起司和橘子，並用切的方式做攪拌。
4 加入步驟3過篩好的粉類，然後倒入瑪芬杯內，接著撒上裝飾用的橘子和杏仁片，最後再放到預熱至170℃的烤箱內烤20分鐘即可。

Food Sommelier Advice 05

親手製作的香鬆和點心 都是客人會喜歡的小禮物

我設計的菜單除合適合全家大小享用之外，也加進了一些可以讓小朋友一起幫忙的菜色。其中的準備工作有把準備油炸的食材浸入麵漿裡、將馬鈴薯壓成泥，還能共同製作手工點心。由於裡頭也有放了一段時間味道也不會變質，反而是放愈久、愈好吃的類型，因此就算有多，送給賓客帶回家也很不錯。

基本上我設計的菜單幾乎都是需要預先準備的料理。雖然炸物要剛炸起來的才好吃，但由於附上的沾醬是冷的，因此就算不是熱騰騰的也沒有問題。

另外，關於需要沾裹麵包粉的料理，其順序不是麵粉⇓雞蛋⇓麵包粉，而是麵粉＋水（叫做麵漿）⇓麵包粉，如此一來，就能免去麵衣黏在手上的煩惱。由於沒有用到雞蛋，因此炸油也能比較清澈。最重要的是，炸好之後的酥脆口感讓人倍感欣喜。

如果是自備餐食的話，首先要準備開宴主人指定的料理。然後，再準備一些親手做的小東西或香鬆等常備菜，再帶點小分量的餅乾當作禮物，才是合乎禮節的做法。

這些都可送給開宴主人或來參加派對的所有賓客。不過，這裡要注意的是，我們終究只是客人，贈送的小禮物絕對不可以比開宴主人準備的亮眼，以免搶了鋒頭！

另外，請準備多點籃子、漂亮的餅乾盒、牛皮紙或蠟紙等可愛的小紙張。畢竟，帶伴手禮回家時，卻是用保鮮膜或鋁箔紙包的話，開心的感覺也會減半。

將親手製作的香鬆放進空瓶中後就可以直接送人。

5月份的餐點調理師

成澤正胡 ● NARUSAWA MASAKO

料理家／食品指導協調師
（food coordinator）

太過喜愛人、料理、酒和食器，因此踏上料理家之路一做20年。

認為無論何時，都要帶著笑容愉快地度過每一天是一件很重要的事。

Cooking School 資訊

料理教室＊旭麗

http://hitotema.blog20.fc2.com/

和食　茶懷石　創作料理　宴客料理

這是一間以好好地吃、好好地喝、好好地笑為理念的料理教室。

目前有展現專業技能的高段班，和較注重實踐性的省時料理專班。

部落格資訊

每日的餐點帖

http://hitotema.blog20.fc2.com/

6月 Jun

梅雨季就是要
在家開派對
盡情地與大家同樂

如果是經常下雨的梅雨季，
推薦與三五好友
在家裡辦一場自備餐點的派對。
利用一掃濕漉漉氣氛的清爽餐點轉換心情吧！
recipe by 山田玲子

醃泡芒果乾加芹菜

材料（4人份）
芒果乾…50g
芹菜…100g

A
- 醋…80ml
- 水…130ml
- 蜂蜜…1/2大匙
- 鹽巴…少許
- 月桂葉…1片
- 粗粒黑胡椒…6粒

作法
1 將芒果乾切成5mm寬，芹菜把筋挑掉，然後斜切成7mm寬。
2 把材料A放入鍋中煮至沸騰，然後熄火加入步驟1的食材。待放涼至不燙手的程度後放進密閉容器中，再放入冰箱冰一晚到入味（至少要冰3個小時）即可。

莫扎瑞拉起司和烤茄子

材料（4人份）
茄子…2條
莫扎瑞拉起司…100g
小番茄…5個
A
- 研磨白芝麻…1大匙
- 鹽巴．胡椒…適量
- 橄欖油…1大匙

義大利香醋…2小匙
細葉香芹（有的話）…適量

作法
1 茄子可以利用煎魚用的煎烤盤或放到烤網上烤至酥脆，然後去蒂剝皮，切成2cm的大丁。莫扎瑞拉起司切成1.5cm的大丁，小番茄則對切成兩半。
2 把材料A放進調理碗中攪拌均勻，接著加入步驟1的食材大致攪拌，然後盛入盤中淋上義大利香醋，最後再以細葉香芹（有的話）做裝飾即可。

鮭魚慕斯

材料（18cm型1條）
洋蔥…1大匙
巴西利…1大匙
明膠粉…1大匙
水…3大匙
鮭魚罐頭…1罐（180g）
水…40ml
鮮奶油…100ml
A
- 美乃滋…6大匙
- 鹽巴…少許
- 番茄醬…1/2大匙
- 檸檬汁…1大匙
- 中濃醬…少許

辣椒粉（有的話）…少許

作法

1 將洋蔥和巴西利切成粗末。
2 以3大匙水把明膠泡軟。
3 鮭魚去骨和皮，然後放入調理碗中，再用叉子搗碎。接著加入材料A和步驟1的食材，若有辣椒粉，可一併加入攪拌。
4 把40ml的水注入鍋中煮至沸騰，待步驟2的明膠完全溶解之後，再加入步驟3中混合攪拌。
5 將打發3分的鮮奶油加入步驟4中混合攪拌，再倒入模具內放進冰箱冷藏凝固即可。

小麥千層沙拉

材料（4人份）
全麥…45g
A
- 白酒醋…2大匙
- 橄欖油…1又1/2大匙
- 續隨子（酸豆）…2大匙

酪梨…1個
芹菜…1/2根
辛子明太子…30g
小番茄…2個
玉米粒…小罐1罐（65g）
檸檬汁…少許

作法

1 將全麥依照袋裝指示水煮，然後放進調理碗中，再加入材料A混合攪拌。
2 把酪梨和芹菜切成1cm小丁，然後淋上檸檬汁。用湯匙刮取辛子明太子。小番茄對切成兩半。
3 在杯子裡依序放入全麥、辛子明太子、全麥、玉米粒、全麥後，再放上酪梨和芹菜，最後再以小番茄裝飾即可。

牛肉搭碎末醬

材料（4人份）

【碎末醬】

洋蔥…70g

番茄…200g

小黃瓜…100g

紅色甜椒…70g

醃小黃瓜…50g

※如果沒有的話，也可用醃泡蔬菜代替。

續隨子（酸豆）…50g

巴西利…25g

A
- 橄欖油…100ml
- 白酒醋…25ml
- 芥末醬…2大匙
- 鹽巴．胡椒…適量

牛肉（燒肉用）…400g

沙拉油…適量

作法

1 製作【碎末醬】將洋蔥、小番茄、小黃瓜、紅色甜椒切成7mm小丁，醃小黃瓜、續隨子、巴西利切成細末。

2 把材料A放進調理碗中混合攪拌後，再加入步驟1的食材混合攪拌，然後放進冰箱的蔬果區冰24小時以上。

3 沙拉油倒入平底鍋將牛肉煎熟盛入盤中，淋上步驟2的碎末醬即可。

Food Sommelier Advice 06

以6月的形象所佈置的藍色系花卉與綠葉。偶爾也會摘取庭園的花卉來裝飾。

於玄關處裝飾鮮花，無論是開門灑水或對於來訪的賓客，都是一種貼心的表現。

由於6月份正逢梅雨季節，因此我設計了不論是看或吃，都會讓人感到清爽的菜單。

菜單內的醃泡類、慕斯類和碎末醬都可以在前一天晚上就先準備好。碎末醬的話，可以使用不在菜單內的剩餘蔬菜製作，屬於長備型醬料。不只肉類料理，也可用在魚肉料理上。除此之外，拌入義大利麵中也很好吃。另外，我將小麥千層沙拉盛入玻璃杯中，不僅層次分明，色彩上也非常鮮艷，讓人一看就覺得清爽，還能成為討論的主題。

開宴主人要在賓客到訪前1個小時先在玄關撒水，並且裝飾好代表「歡迎光臨」意義的鮮花。如果好像開始會下雨，也請準備好小毛巾，讓賓客可以用來擦拭被雨淋濕的包包等物品。

送上迎賓飲料時要從先來的客人開始給，並且注意要把彼此好像聊得來的客人安排坐在一起。

雖然我的菜單是參考男女來客的比例與年齡層去設計，但並沒有什麼過於講究的功夫菜，而是端出來大家都能盡情享受、能夠成為聊天話題的料理。可見賣相和餐具也很重要呢！

為了能讓初次來訪的客人以及彼此互相不認識的客人易於取餐，我故意不用大盤子把所有料理裝在一起，而是利用小盤子或玻璃杯盛裝，讓每一位客人直接手拿了就可享用。另外，客人帶來的伴手禮一定要一一向各位介紹，如果有需要先離開客人，可以讓對方帶一點回去。當派對開始時，開宴主人不要一直站在座位上，而是能跟大家一起同樂，我想設計的就是這樣子的菜單。

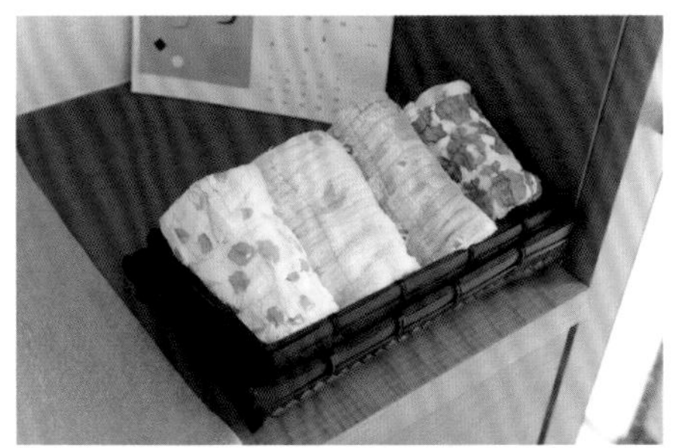

準備幾條小毛巾讓賓客可以用來擦拭被雨淋濕的包包等物品。

山田玲子 ●YAMADA REIKO

烹飪顧問（Cooking Adviser）

菲莉斯女學院大學畢業。1995年起，於濱田山的家中開始主持名為「Salon de R」的料理教室。從如何款待賓客到營造歡笑的心意，都隨著料理一同傳授給您。

除了有在各大公司企業擔任料理教室的講師、並在國內的料理教室授課以外，也會在紐約、休士頓、韓國等國外地區定期開設料理教室。另外，不論是替食品公司研發菜單、外燴服務或者各種活動都可包辦。

著書有《おにぎりレシピ101》（暫譯：飯糰食譜101），於2014年4月以雙語出版。

Cooking School資訊

salon de R

http://www.reiko-cooking.com/

從前菜到甜點僅需5道左右就能做出兼顧營養均衡的一整套餐點。餐桌佈置與餐具的挑選也包含在課程當中。由於不是常規班，因此可以配合自己的時間，在有空閒的日子去上課即可。

部落格資訊

料理家山田玲子 美味好吃的每一天

http://reiko-cooking.blog.jp/

好想學！

料理
派對的技巧 1

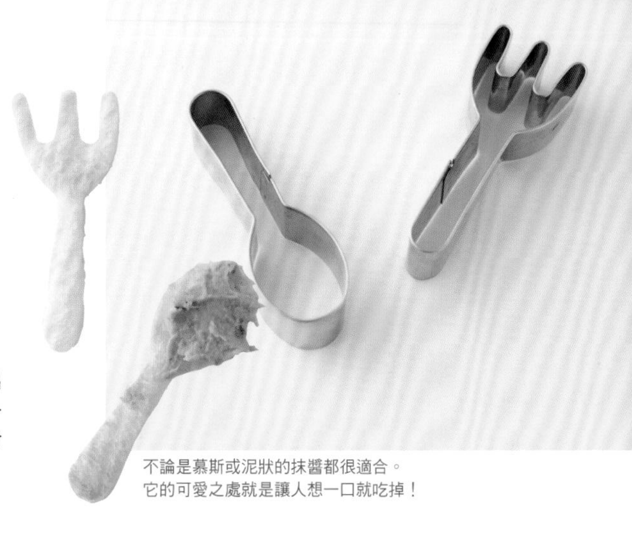

不論是慕斯或泥狀的抹醬都很適合。
它的可愛之處就是讓人想一口就吃掉！

1 利用湯匙和叉子形狀的蛋糕模具做成的造型薄吐司

☞ 請參考P.74（7月） ●料理家：長友幸容

利用沾抹醬配著吃的土司用湯匙和叉子形狀的蛋糕模具壓出造型，然後再以玻璃杯盛裝，呈現出來的感覺就會不太一樣，也能增加立體感。如此可愛的餐點一定可以成為眾人討論的焦點。

2 多作的醃泡蔬菜放進保鮮容器

雖然也可以用保鮮袋來作醃泡蔬菜，但放進保鮮容器裡感覺還是比較乾淨俐落。如果做得太多，就放進冰箱保存。另外，參加自備餐點的派對時，也可直接帶著走，不用怕會壓壞裡面的蔬菜。

糖煮水果或抹醬等食品，
可保存2、3日到一星期左右的時間。

3 根據使用方式，讓紙杯變身成盛裝小菜的前菜Buffet

在素面紙杯上面貼上貼紙或用油性筆塗畫裝飾，然後再插上用牙籤和紙膠帶作成的旗幟，可愛的小菜紙杯就完成了。

適合一口大小、可裝進杯中的餐點。

有單瓶包裝或同時帶走兩瓶的雙瓶包裝。

4 聰明使用布包巾，紅酒簡單帶著走

想帶紅酒或日本酒去派對，可以利用包裹各種形狀和大件物品的布包巾。如此一來，就不會在開宴主人的家中留下垃圾，真是既環保又聰明的方式。而且，也可以將漂亮的布包巾一同贈送給對方喔！

5 可重疊搬運的蒸籠，最適合帶去自備餐點的派對！

在100圓（日幣）商店也買得到的蒸籠。不但可以堆疊搬運，像點心等餐點也是直接熱過就可享用。只要不是會流出湯汁的餐點，就可使用布包巾包裹好帶去。

放好保冷劑後，將生春捲和生蔬菜帶去派對。依照自己的喜好，也可直接端上餐桌。

6 餃子皮變成可以吃的杯子

☞ 請參考P.104（10月）

連同盛裝容器都可吃的餃子皮杯子。酥脆的口感相當討喜，也可直接用手拿來吃，對於風格較輕鬆自在的派對，是一道相當方便的料理。除了塔塔醬之外，也可盛裝醃泡食品或沙拉。

在烤皿裡頭塗上薄薄的一層油，接著把餃子皮鋪在裡面，然後在表面再塗上一層薄油。

用系統烤箱或小烤箱把餃子皮烤到呈現焦黃色後，再從烤皿裡面拿出來即可。

7 方便好用、用完即丟的透明湯匙與容器

樣式唯美的塑膠盤和湯匙，為外送或業務用的產品。把一口大小的餐點，放在如此有質感的容器上，隨即變成一道精美的料理。

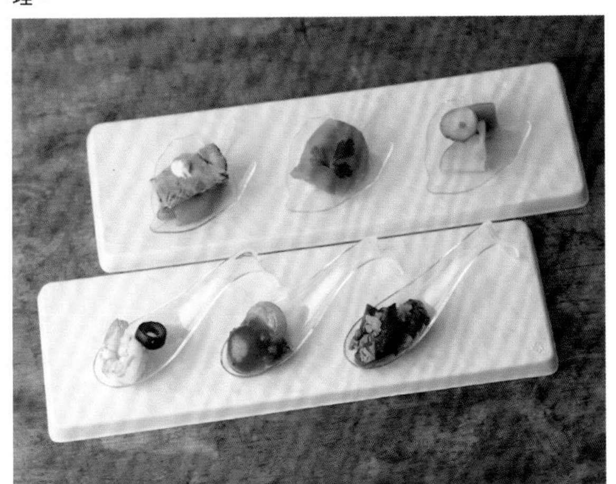

Solia（P.126）
來自法國的餐具廠商。活用全世界的創新靈感，以塑膠容器和盤子為首，持續發想從未有過的全新商品。照片中使用的是葉片碟子與曲線握柄湯匙。

8 可當作酒杯和茶杯的 2way cup

集酒杯與隨行玻璃杯於一身的兩用好杯，一個杯子擁有兩種功能，相當好用。設計成可以拿掉杯腳，帶著走也很方便。使用AS樹脂製成不易摔破，是戶外派對不可或缺的好物！

KINTO
世界知名的餐具品牌，國內外均有販售。除了用起來超順手，精美的外觀設計也是一大特色。
商品名稱：2way cup
詳情請洽：KINTO
http：//www.kinto.co.jp

料理
派對的技巧 2
創意包裝實例特輯

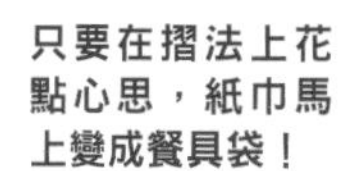

只要在摺法上花點心思，紙巾馬上變成餐具袋！

只要摺一摺，馬上變成紙巾餐具組。擺在桌上也能增添幾分美麗。

空瓶上的蓋子

空瓶可以用來盛裝醬料、醬汁和沙拉醬。只要再用紙餐巾和麻繩裝飾包裝一下，即可漂亮登場。

用來包裝作為伴手禮用的手工點心

使用兩種紙餐巾把籃子包起來，然後再綁上繩子，就變成了漂亮的伴手禮。裡頭可以放入手工製作的烤餅乾等點心。

紙餐巾

把紙餐巾拼貼在起司盒上

把布或紙餐巾貼在想要重新裝飾的盒子或罐子上，源自法國的法式拼貼手工藝。起司盒裡，可以放入一些零食。

送給開宴主人或賓客的禮物手作小物

●料理家：成澤正胡

將用來作造型或搭配的布料，用縫紉機直線車縫作成小物，當作小小的禮物，送給前來參加派對的賓客。如果是比較簡單的樣式，大約只要花20分鐘即可完成。

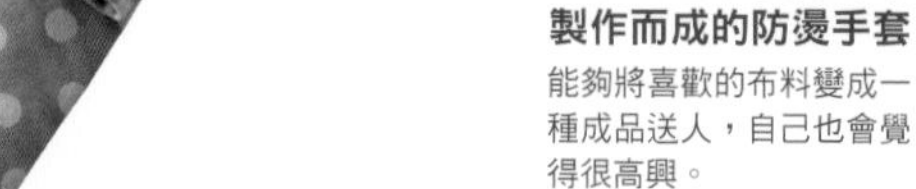

使用色彩繽紛的布製作而成的防燙手套

能夠將喜歡的布料變成一種成品送人，自己也會覺得很高興。

使用前端切掉不用的碎布製成的原創筷袋

可以用以前蒐集的緞帶綁在袋口束好即可。

牙籤也可做成小旗子喔！

可在牙籤或點心叉上貼上各種圖案的紙膠帶做成小旗子。不只是點心，也可以裝飾在便當等一般食物上喔！

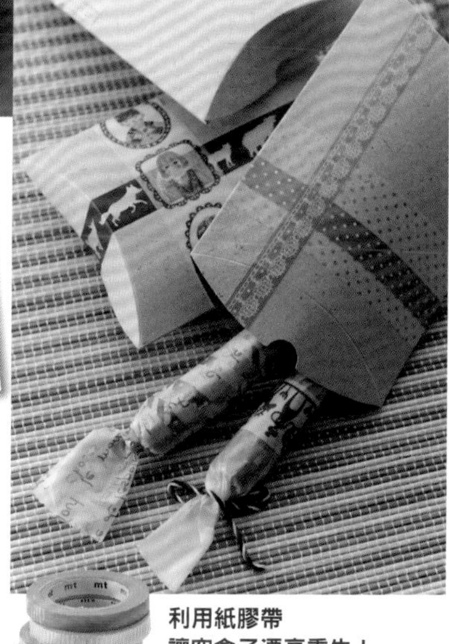

利用紙膠帶將市售的設計杯具或塑膠杯，裝飾得更加繽紛

用蠟紙把杯子包好，繫上麻繩貼上紙膠帶，就變成外帶用的容器。多種不同圖案的紙膠帶貼在塑膠杯上，小朋友看了也會很喜歡！

只要在木製夾子貼上紙膠帶即可，風格新奇又獨特

可把餐桌上的桌牌或菜單卡夾著放好，或者夾在外帶用的紙袋上，運用的範圍相當廣泛。

利用紙膠帶讓空盒子漂亮重生！

使用各式各樣的紙膠帶讓空盒子變得漂漂亮亮吧！請試著把兩種紙膠帶重疊貼好或者貼成格子狀的樣子吧！

紙膠帶 Masking Tape

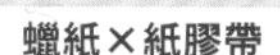

蠟紙×紙膠帶

用這招把市售的糖果包一包，質感馬上升級。感覺要打開的時候也會讓人覺得很興奮。

在蕾絲襯紙上面繫上附吊牌的麻繩或緞帶，就是一款漂亮的禮品包裝。

把蕾絲襯紙裝飾在點心空盒或手工紙袋上

交互使用蕾絲襯紙、蕾絲膠帶或紙膠帶，把空盒子裝飾得好可愛。

Lace Paper 蕾絲襯紙

用心包裝您的禮品 蕾絲襯紙的全新功用

100圓（日幣）商店就能買到的蕾絲襯紙。只是當作蛋糕襯紙或杯墊的話，也太可惜了！只要花點心思變化一下，也能成為一款讓少女心雀躍不已的全新包裝。

帶著喜歡的酒參加派對，開心享受夏季的餐點吧！

冰冰涼涼的白酒與啤酒，讓夏天變成享受美食的季節。
不論是BBQ、涼亭品酒或者是庭園派對都適合的夏季配酒食譜。
recipe by 長友幸容

鮪魚抹醬

材料（4人份）
鮪魚罐頭（無油）…3罐（210g）
續隨子（酸豆）…2大匙
A
- 酸奶油…100g
- 檸檬汁…1小匙
- 法式清湯粉…1/2小匙

鹽巴…適量
墨西哥辣椒醬（有的話）…適量
粗粒黑胡椒…適量
蒔蘿…適量
薄切麵包…適量

作法
1 將鮪魚罐頭和續隨子的汁液瀝乾，然後放進食物調理機中大約攪拌個5秒鐘。接著加進材料A再攪拌個5秒，然後移入調理碗中。試一下味道並用鹽巴調味，盛入盤中放進冰箱冷藏。
2 冰好之後，滴上幾滴墨西哥辣椒醬（有的話），然後撒上粗粒黑胡椒，再以蒔羅做為裝飾。
3 用模具把麵包壓成湯匙和叉子的形狀，然後稍微烤過之後，再放到步驟2的鮪魚旁邊即可。

糖煮小番茄　薑味胡椒風味

材料（4人份）
小番茄（紅、黃）…各12個

A
- 白酒…150ml
- 水…150ml
- 雞粉…1小匙
- 法式清湯粉…1小匙
- 鹽巴…1小匙
- 砂糖…1/2小匙
- 薑…1個拇指節（50g）
- 黑胡椒（整粒）…10粒

作法

1 將小番茄去蒂頭，在屁股的地方稍微劃一刀。
2 煮一鍋沸水，接著把步驟1的小番茄放進去快速氽燙一下後立即撈起，泡入水中。之後再把皮剝掉放入調理碗裡。
3 把材料A放進鍋中開火煮沸，加入調味料。
4 把步驟3的熱湯注入步驟2的鍋中，待放涼至不燙手的程度後，再放入冰箱冰個3小時左右即可。

披薩風包烤旗魚

材料（4人份）
旗魚…4片
白酒…1大匙
生火腿…6片
新鮮羅勒葉…適量
莫扎瑞拉起司…100g
鹽巴・胡椒…各少許
披薩專用醬料（市售品）…適量
粗粒黑胡椒…適量

作法

1 用廚房紙巾把旗魚的水分吸乾，然後撒上白酒靜置10分鐘左右。將生火腿對切成兩半，撕下羅勒葉，並保留一些作裝飾用。莫扎瑞拉起司切成粗末。
2 鋪好料理紙後，把旗魚放上去，並在旗魚的兩面塗抹好鹽巴、胡椒、披薩專用醬料，再放上羅勒葉和生火腿。
3 在步驟2的旗魚上面再塗一次披薩用專用醬料，放上莫扎瑞拉起司、撒上粗粒黑胡椒。
4 用料理紙把旗魚封好，放進預熱至230℃的烤箱烤15分鐘。
5 把步驟4的料理紙打開，灑上裝飾用的羅勒葉就完成了。

奶油嫩煎豬肉配上堅果醬

材料（4人份）

豬里肌肉或豬肩里肌肉（嫩煎用）…4片（約500g）

鹽巴・胡椒…各少許

喜歡的堅果…綜合共100g

※使用的是杏仁、核桃和腰果。

葡萄乾…2大匙

義大利巴西利…2大匙

A
- 無鹽奶油…40g
- 醬油…1大匙
- 檸檬汁…50ml
- 大蒜（磨成泥）…1/4小匙

橄欖油…適量

作法

1 如果豬肉的脂肪太多請先切掉一些。在脂肪和瘦肉之間任意切幾道刀痕，然後把筋去掉，並在兩面稍微塗抹一些鹽巴和胡椒。堅果類先搗碎備用。義大利巴西利則要切成細末。

2 在平底鍋內塗上一層橄欖油熱鍋，待平底鍋燒熱之後，再從火上移開，然後放進豬肉。先用小火煎3分鐘，再翻面煎個2分鐘左右。煎好後拿出來用鋁箔紙包好，用平底鍋或鍋蓋蓋好，靜置個10分鐘左右。

3 取另一只平底鍋乾炒步驟1的堅果類。待飄出堅果香氣後，再加入步驟A的材料。

4 待奶油開始融化之後，再把葡萄乾、從豬肉滲出來的肉汁和義大利巴西利加進去混合攪拌。

5 將豬肉盛入盤中，再淋上步驟4的醬料，就完成了。

鳳梨片配上香草冰淇淋

材料（4人份）
鳳梨（罐頭）…4片
義大利香醋…1大匙
香草冰淇淋…適量
餅乾…適量
薄荷…適量
橄欖油…適量

作法

1 把鳳梨片的汁液瀝乾，然後放進塗上一層橄欖油的平底鍋或煎烤盤內煎出焦黃色，再撒上義大利香醋。
2 把鳳梨片和冰淇淋盛入盤中，最後附上餅乾，再用薄荷葉裝飾即完成。

Food Sommelier Advice 07

戶外派對就靠
事前的準備和創意聰明開始

如果是BBQ或戶外派對的話，必須要先把當日要用的食材（醃泡料理要先在前一天做好、蔬菜要先切好、肉類或魚肉也要先醃泡好等）都處理好，盡量減少當天的處理程序，只剩下將食材拌一拌或直接拿去烤就好。如此一來，戶外派對就能夠有效率地順利進行。

這次，我選擇的是「抹醬」和「糖煮水果」等事先準備好的料理。如先將奶油煎豬肉的醬料準備好，當天只要把豬肉煎好，再完成醬料即可。旗魚的話，也可以先在家裡用鋁箔紙包著烤好，到現場時再重新烤過一遍就可以了。而甜點方面，可以將鳳梨罐頭裡的鳳梨片倒出來，並把湯汁瀝乾後帶去。到現場之後，只需把鳳梨片烤一下，然後跟市售的香草冰淇淋放在一起就完成了。另外，可以改用奶油和砂糖代替義大利香醋進行煎烤，喜歡吃甜的人一定會很喜歡。而準備的酒類對嗜甜的人來說，也變成了一種甜點。

用柳橙汁兌過的「苦橙汁Bitter Orange」（左），用番茄汁兌過的「紅眼咖啡Red Eye」（中）。

正值炎炎夏日，冰箱裡一定塞滿了準備的食物，這個時候派得上用場的小技巧，我建議可以用透明的桶子裝冰塊，然後把白酒或啤酒放在裡面冰鎮。如果再把葉片、檸檬或橘子等柑橘類水果一起放進去，看起來就更加沁涼舒適，美感也會瞬間攀升。

另外，喝啤酒的時候，如果也備有柳橙汁、薑汁汽水等無酒精飲料以及薄荷等香草，大家就可依照自己的喜好任意調配，這項貼心的安排肯定大受女生歡迎。

把冰塊放進透明的冰桶裡，並將檸檬和橘子放進去一起冰鎮，看起來不僅讓人感到沁涼而且也很有美感

7月份的餐點調理師

長友幸容 ●NAGATOMO SACHIYO

食品創作師（Food Creator）

於大阪出生。因為受到廚藝高超的母親影響，從小學開始，就對做點心和料理有著濃厚的興趣。自2001年起，創辦了以「漂亮又美味的簡單食譜」為概念的料理教室，叫做「Le Petit Poisson」。另外，也不定期開設人造花藝課程「L'assiette a fleur」和紅酒研討會「Bon Mariage」。

Cooking School資訊

Le Petit Poisson

http://www.le-petit-poisson.jp/

和食 中華料理 法國料理 義大利料理 民族料理 家庭料理 點心 派對

介紹手邊容易取得的食材，製作全家人會喜歡的家常菜，以及根據盛裝的呈現方式，也適合用於款待料理的食譜。希望學員可以在教室親自實作，因此課程是採用說明後，由學員自己製作的實習方式。

部落格資訊

petit bonheur

http://www.le-petit-poisson.jp/petit_bonheur/index.html

準備過程就好好玩，屬於小朋友的盛夏兒童派對！

以小朋友為主角的派對，要選用既好做、也易於享用的料理。
邀請小朋友一起著手製作餐點，
一定可以在小朋友的心中留下美好的回憶！

recipe by 柴田真希

蜂蜜檸檬
優格果凍

材料（小的4份）
優格（無糖）⋯200g
檸檬汁⋯2大匙
明膠⋯5g
水⋯2大匙
A［豆漿⋯150ml
　 蜂蜜⋯3大匙
柑橘果醬⋯適量

作法

1 把明膠放入水中泡軟。
2 將步驟1的明膠和材料A放入鍋中，然後用小火煮，小心不要煮滾，煮至明膠溶解。
3 把優酪乳和檸檬汁放進調理碗中，接著慢慢加入步驟2的明膠水混合攪拌，然後移入容器內放進冰箱冷藏使之凝固。
4 最後再把柑橘果醬放到步驟3的果凍上即可。

紅蘿蔔、
葡萄柚和
魩仔魚沙拉

材料（4人份）
紅蘿蔔⋯1根（150g）
葡萄柚⋯1/2個（100g）
魩仔魚乾⋯40g
A［鹽巴・胡椒⋯各少許
　 橄欖油⋯2小匙

作法

1 將紅蘿蔔切成絲，然後稍微灑點鹽巴（額外分量）搓揉一下。待靜置10分鐘變軟之後，便用水清洗，然後瀝乾水分。
2 將葡萄柚剝皮，然後把籽取出，並將流出的汁液收好。
3 把步驟1的紅蘿蔔絲、步驟2的葡萄柚和魩仔魚乾放入調理碗中，最後再加入材料A混合拌勻就完成了。

巴西起司玉米麵包球

材料（小的16份）
玉米…50g
※可用玉米粒罐代替。
帕瑪森起司…50g
※可用起司粉代替。
雞蛋…1個
白玉粉…100g
豆漿…50ml

作法
1 將玉米水煮好之後把玉米粒剝下來。帕馬森起司要磨成泥。把蛋打散。
2 把白玉粉放進調理碗中，然後用手攪散，再加入帕馬森起司混合攪拌。接著依序加入蛋液和豆漿，然後揉成麵糰。
3 待整體麵糰都揉好之後，再加入玉米粒，然後揉成16個圓球。
4 最後再放進預熱至190℃的烤箱內烤15分就完成了。

起司米漢堡

材料（8份）
洋蔥…1/4個（50g）
香菇…1片
牛豬混合絞肉…150g
雜穀飯…100g

A
- 雞蛋…1/2個
- 大蒜（磨成泥）…1小匙
- 薑（磨成泥）…1小匙
- 肉豆蔻…少許
- 鹽巴・胡椒…各少許

橄欖油…1/2大匙
巧達起司（片狀）…2片
巴西利（依照個人喜好添加）…適量

作法

1 洋蔥切成細末，香菇去掉底部較硬的根，然後切成粗末。將1片巧達起司切成4等分。
2 把材料A放進綜合絞肉裡充分揉捏。把步驟1的洋蔥和香菇加進雜穀飯裡，然後再次攪拌。接著把雜穀飯捏成8個圓餅狀，調整一下形狀，並讓中間凹下去。
3 將橄欖油倒進平底鍋中熱鍋，接著把步驟2的雜穀圓餅放進去，蓋上鍋蓋以中火煎2～3分鐘，然後翻面放上巧達起司，再按照同樣的流程把它煎好。
4 盛入盤中，最後再依照個人喜好撒上巴西利就完成了。

裝飾杯子壽司

材料（8份）
米…2合
綜合雜穀…2大匙
水…400ml
【壽司醋】
A ┌醋…4大匙
　│砂糖…2大匙
　└鹽巴…1小匙
【食材】
煙燻鮭魚…4片
小番茄…3個
綠紫蘇…4片
櫛瓜…1/4根
毛豆…20粒
片狀起司…1片
炒蛋…（蛋2個、砂糖1小匙、水2大匙）
茄汁雞腿…（雞腿肉1片、橄欖油1/2大匙、番茄醬1大匙、鹽巴．胡椒各少許）

作法

1 製作【壽司飯】材料A放進鍋後開火，煮至砂糖和鹽巴融化。
2 米和雜穀要在炊煮前30分鐘以上先洗好，然後瀝乾備用。之後放入電鍋用一般煮飯的設定開始煮飯，然後再把步驟1的壽司醋放進去，用切的方式攪拌均勻。
3 準備【食材】小番茄對切，綠紫蘇切成細末，櫛瓜切成1cm的圓片，毛豆汆燙後去殼。片狀起司用造型模具壓出喜歡的形狀。
4 製作【炒蛋】雞蛋、砂糖及水放進調理碗中混合攪拌，倒入平底鍋後開火，用筷子攪拌做炒蛋。
5 製作【香煎櫛瓜】橄欖油倒進平底鍋後開火煎櫛瓜，兩面煎熟再灑點鹽巴（額外分量）。
6 製作【茄汁雞腿】雞肉切成一口大小。橄欖油倒進平底鍋後煎雞肉用番茄醬、鹽巴和胡椒調味。
7 把壽司飯盛入容器中，再把步驟3、4、5及6的食材放上去擺好即完成。

Food Sommelier Advice 08

創造美好的暑假回憶 跟小朋友一同快樂做料理

與小朋友同歡的派對，當然要用安全、對身體有益處、營養價值高的食材。也就是說，攝取當季的食材就是最好的選擇。

這次我採用的是玉米、毛豆等夏季食材，同時也做了小朋友會喜歡的茄汁雞肉和起司料理，並且是做成小口尺寸，用叉子叉好就可直接拿著吃。

此外，我用雜穀飯做成米漢堡，幫助照顧孩子們攝取均衡營養。

為了能夠促進夏季的食慾，我特別準備了其他配料，讓大家可以自由挑選，並加在清爽的杯子壽司裡享用。考量外觀的美麗以及味覺的平衡，我會提醒大家「除了肉類以外，也要加點蔬菜進去喔！」最重要的是，光是知道這是自己做的料理，就夠增加食慾了。

另外，把醋加進雜穀壽司飯的話，可以幫助增色（黑米裡頭所含有的紫色成分為花青素，碰到醋的話會變成像是粉紅色一般的顏色）。而在此時，如果成功引起孩子們的興趣，馬上就可跟小朋友打成一片、開心聊天。

除了壽司的配料以外，像是巴西起司麵包球或漢堡的捏製作業，或者用模具壓出造型起司等，都可以讓小朋友幫忙。即使做出來的樣子不怎麼好看，但「共同製作」這一點才是讓料理變得更加美味的關鍵！

不論是使用一般餐具或是免洗碗盤，如果選用的是既流行又可愛的紙盤或吸管，相信大家一定會很高興。還有，多準備幾款不同樣式的餐巾和叉子讓小朋友自由挑選，也很不錯！

將每一種配料分開盛裝。除了挑選自己喜歡的菜色之外，也要堆疊整齊喔！

柴田真希 ●SHIBATA MAKI

管理營養士／雜穀料理家

（股）e-mish CEO。
Love Table Labo. 負責人。
1981年出生於東京。

於女子營養大學短期大學部畢業後，經歷營養午餐管理、營養諮詢、食品企劃、開發及營業等業務後獨立。為了推廣解決困擾自己27年便祕問題的「雜穀」以及傳遞「米食．日式飲食的美好」，創立了雜穀品牌「美穀小町」。

目前以出席電視料理節目為主，並於各種出版媒介、Web媒體等處刊載食譜、撰寫專欄，也幫食品廠商和餐飲店研發菜單。

部落格資訊

管理營養師 柴田真希的幸福♪MaKitchen
http://ameblo.jp/makitchen/

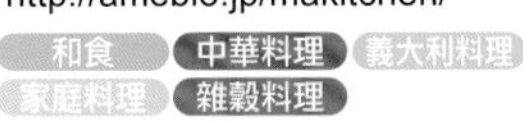

提供給大家簡單、美味，讓您從身體裡面，活出健康和美麗的料理。

不論是中華料理或義大利料理，主要都是使用和風醬汁和日本的調味料進行調味，並使用當季的食材。

雜穀不只可以跟白米混合一起煮，也請參考看看其他有用雜穀的料理。

9 Sep 月

外出野餐。
盡情享受戶外派對的樂趣！

適合帶到戶外野餐的便當。
豐富且分量充足的菜色，讓美味與樂趣都加倍！
把秋天的美味佳餚通通放進去，來吧！讓我們一起到戶外開派對吧！

recipe by 宮川順子

Perrier

素食蔬菜棒

材料（20根份）
春捲皮…10張
橄欖油（有的話請用可塗抹的類型）…適量
甜椒（黃、紅）…各1/2個
綠花椰…1/4個
鹽巴・胡椒…各少許

作法

1 春捲皮沿著對角線斜切成兩半。
2 甜椒去蒂、去籽，然後切成2～3mm寬的細絲，綠花椰分成小朵後切成粗末。
3 將春捲皮的底邊朝向身體這側擺好，接著在邊緣處預留3cm的寬度後，塗上厚厚一層橄欖油。
4 塗好之好，把步驟2的食材依序放上去擺好，接著撒上鹽巴和胡椒，再把左右兩端拉過來摺好，然後再從內側往外側捲起來，並沾少量的水固定，捲好之後底部朝下放好。
5 把步驟4的春捲放入平底鍋中，開中火，偶爾翻動一下春捲，煎至金黃微焦為止。

※盡量在捲好之後馬上下鍋去煎。如果捲好之後沒有馬上要用，就不用沾水，直接保存起來即可。
※如果是要帶去派對赴宴，最好一併附上切成半月狀的檸檬片和芥末醬。

蔬菜滿點的西班牙風煎蛋捲

材料（4人份）

洋蔥…1/2個

紅蘿蔔…1/2根

番茄乾…2片

茄子…1條

綠花椰…1/4個

香菇…1包（100g）

※菇類可用滑菇、蘑菇和香菇等，可以的話，最好要有2～3種。

雞蛋…4個

A
- 鹽巴・胡椒…各少許
- 牛奶…3大匙（約50ml）
- 帕瑪森起司…3～4大匙

橄欖油…2大匙

作法

1 將蔬菜和香菇切成細末。

2 把橄欖油倒進平底鍋中，然後拌炒洋蔥。接著灑上一點鹽巴，待把洋蔥炒軟之後，再將切好的蔬菜和香菇從較硬的種類依序放入，然後大致炒熟。

3 打一顆蛋進調理碗中，然後把材料A放進去攪拌，再把步驟2的食材放進去充分攪拌。

4 把橄欖油倒進煎蛋用的鍋子熱鍋，待鍋子稍微出煙之後，把步驟3的食材一口氣加入，然後快速攪拌。拌炒至食材都確實拌勻為止。

5 轉小火，然後蓋上鍋蓋，或者用鋁箔紙蓋好，煎至中央部分開始出現軟嫩的彈力為止。

香草秋刀魚捲

材料（4人份）
秋刀魚…2尾
鹽巴…約秋刀魚重量的3%
A ⎡迷迭香…1枝
⎢巴西利（切細末）…2大匙
⎣檸檬汁…1大匙
橄欖油…2～3大匙
※香草不論新鮮或乾燥的都可以，也可以使用自己喜歡的種類代替。如果有2種以上更好。

作法
1 將秋刀魚的魚肉與魚骨分成3塊，然後在兩面灑上鹽巴，再把魚皮那片朝上靜置10分鐘左右。
2 把步驟1的水分擦乾，接著連同材料A一起放入保鮮袋中，然後加進橄欖油，把空氣擠出來，最後再放進冰箱冷藏30分鐘到一個晚上。
3 在步驟2的魚皮上劃幾刀切痕，然後要以魚皮朝外的方式，從頭部開始捲成一球。
4 捲好之後，底部朝下放到烤盤上排好，之後放進預熱至200℃的烤箱內烤個5～8分鐘即可。

嫩煎雞肉
搭配中濃醬・醬油

材料（4人份）
雞腿肉…2片
A ⎡醬油…2大匙
⎣中濃醬…2大匙
麻油…少許
芝麻、山椒（依照個人喜好）…適量

作法
1 把雞腿肉上面多餘的脂肪和雞皮去掉。
2 將步驟1的雞腿肉和材料A一起放進保鮮袋裡，搓揉好之後把空氣擠出來，然後放進冰箱冷藏1小時到一個晚上。
3 把麻油和步驟2的雞腿肉連同醃汁一起放進平底鍋中，以小火慢煎兩面。
4 壓一下肉身的地方，如果已經煎至軟嫩有彈性，就移至烤網上放好，然後蓋上鋁箔紙靜置10分鐘，利用餘溫把雞腿肉燜熟。
5 最後再依照個人喜好撒上芝麻或山椒就完成了。

芝麻海苔壽司捲

材料（4人份）
米…2合

A
- 水洗芝麻…4大匙
- 淡色醬油…1大匙
- 鹽巴…3g

海苔（整片）…3片

※所謂水洗芝麻，是指將生芝麻水洗之後自然乾燥、並無炒過的芝麻。

作法

1 米要在炊煮前30分鐘以上先洗好，然後瀝乾備用。
2 把米放進電鍋中並加進一般煮飯的水量，再將材料A加進去，然後開始煮飯。
3 煮好之後，把海苔放在壽司捲簾上，將步驟2的米飯放上去鋪好，再從內側往外側捲起。以同樣的方式再做2條壽司捲，捲好之後底部朝下，切成容易入口的大小即可。

Food Sommelier Advice 09

使用不同切法處理同一道料理 改變外觀和方便食用的程度

由於這是秋天的便當，因此我使用了菇類和根菜類等各種秋季食材。而為了方便用手就能拿起來吃，尺寸上也特別留意做成一口大小。另外，我也將混在裡頭的蔬菜配料切得相當細碎，這樣分切的時候就會比較好切。

還有，為了不讓時間影響風味，確實做好事前調味是一件非常重要的事。如果只在食物的表面調味，經過一段時間調味料就會滲進食物裡面，反而會讓味道變淡。

製作多樣料理的時候，就算這樣食材單吃時非常好吃，但若全部的料理都是同樣的味道，恐怕一下子就會吃膩。因此，花點心思改變一下整套料理的味道，也是必須注意的重點。例如，可以利用鹽味、酸味、醬油、辣味（香草）及發酵類（味噌、起司）等調味料，改變一下各樣料理的味道。

做成便當時，也請留意一下分切的形狀要有變化，不要都只有一種樣式。例如，煎蛋的話，除了可以縱切以外，還可以嘗試切成放射狀，不僅讓外觀看起來完全不一樣，方便食用和易於拿取的程度也會大大不同。

再來，盛入容器時，如果能夠做出高低層次、或是在擺放的方式上加點變化，也是很棒的表現手法。

為了營造出秋天的感覺，請勿使用太多綠色，而是要用紅色或黃色等暖色系，將整個色調統一成茶色系。這一次，我盡可能地選用了事前備料時，較好做的食材，但是如果也能把牛蒡和蓮藕事先汆燙好，再加到煎蛋裡，我想一定會更有秋天的感覺。

為了和其他料理取得平衡，有的煎成圓形後切成放射狀、有的則切成長方形。變換不同切法，讓餐桌景致有些變化，看得也開心。

宮川順子 ●MIYAGAWA JYUNKO

料理家
「MIIKU日本味育協會」負責人。

由於長子本身有食物過敏的緣故，體悟到「吃的重要性」，開始實踐有機食品的無添加手作料理。在育兒要務告一個段落後，即考取多種專業證照。並以自己的親身體驗為依據，開設了不使用添加物的料理教室「Convivialite Miyagawa」，期盼向大家傳遞簡單又美味的家庭料理。

目前除了主持料理教室以外，也以「MIIKU日本味育協會」主要負責人的身分開辦味覺講座，並且在自治團體和教育機關擔任味覺教育的講師。同時，也擔任公司企業或自治團體的商品開發顧問，以及函授教育U-CAN股份有限公司的調理師講座講師。

Cooking School 資訊

Convivialite Miyagawa
http://www.e-miyagawa.jp/

和食 中華料理 法式料理 義式料理 家庭料理 麵包．點心

在這裡，要教給大家不是一個「食譜（調配和步驟）」，而是利用當季食材獨有的特性，將「不失敗的理論和不輸給專家的技巧」傳授給大家。配合擺盤方式和最新的食品資訊等，提供您促成「美味」目標的各種知識。

派對上令人自豪的餐廚用具

真想要有方便外帶的餐廚用品！
在此，要向大家介紹的是兼具實用性和設計感，
並且一定會引起熱烈討論的餐廚用品，
也來挑挑看您心目中的優質良品吧！

來自法國的Le Chasseur 是一款擁有可愛色彩的琺瑯鑄鐵鍋

●料理家：柴田真希

對可愛的柔和色系一見鍾情。在派對上，可用此鍋燉煮料理或煮飯，然後直接連同鍋子一同端出放在餐桌上，可愛又時尚的外表可替餐桌景致增添幾分華麗。根據大小尺寸的不同，顏色上分別有粉紅色、開心果色與鮮奶油色。

商品名稱：Round Casserole 20cm Pink
詳情請洽：WMF Japan Consumer Goods
☎03-3847-6860

可疊放

可放進烤箱或直接放瓦斯爐加熱也OK的耐熱陶器！方便收納的可堆疊系列

直接就可當作烤皿或鍋子使用的可堆疊耐熱陶器系列。需要放入烤箱調理的食物，可用手掌大小的陶杯，而6號尺寸的陶鍋則可直接放在瓦斯爐上加熱。此系列皆附有可當底盤的蓋子，易於堆疊好收納，完全不占空間。

商品名稱：stack 6號鍋（左・右上）
Stack cup（右下）
詳情請洽：4th-market
http：//www.4th-market.com/

徹底追求極致的機能美
工房Aizawa的便當盒

這是一款樣式簡單的不銹鋼便當盒。此款便當盒裝過食物後不會留下氣味或染色，湯汁也不容易外漏。除了外型上給人懷舊的印象之外，俐落的統一感也是它吸引人之處。

商品名稱：方形便當盒大．中．小
詳情請洽：工房Aizawa　☎0256-63-2764
http：//www.kobo-aizawa.co.jp/

利用移動的時間把料理調理得更加美味
我最喜歡的Shuttle Chef真空煲燜燒鍋

●料理家：沙希穗波

移動時也能進行保溫調理，是您省時省力的好幫手。如果您攜帶的是燉煮類的料理，有這款燜燒鍋將會非常地方便。即使是戶外的派對也相當好用！取出內鍋，還能當作保冷箱使用。

商品名稱：Shuttle Chef
詳情請洽：膳魔師　☎0256-92-6696
http：//www.thermos.jp

具備鐵與玻璃的強韌
衛生、漂亮的野田琺瑯

●料理家：森崎繭香

食物的味道和顏色不易殘留，用它來存放不小心做得太多的番茄醬也不用擔心。除了可以放進烤箱之外，也可直接火烤。適合製作焗烤或布丁，或者用來保存燉煮類的料理，需要溫熱時，直接放到火源上加熱即可，相當地方便。

商品名稱：White Series
方型L附蓋（EVA樹脂）
長方深型M／L附蓋（EVA樹脂）
詳情請洽：野田琺瑯（股）
☎03-3640-5511
URL：http：//www.nodahoro.com

派對上令人自傲的
餐廚用具

包裹

變換自如的布包巾
自備餐點的聰明選擇

可以包裹身邊各種物品的布包巾。要不要嘗試使用布包巾來包裹您的自備餐點呢？它能配合物品的大小或形狀自由變換適合的包裝方式，使用完畢後，能夠折成一小塊也是一項優點。

布包巾圖片提供：むす美
布包巾的包裝方式
http：//www.kyoto-musubi.com/wrap/wrap-howto.html

むす美的防水布包巾
Aqua Drop

即使料理的汁液外漏，也不容易沾染入色，是一款最適合用於戶外野餐的防水布包巾。它不僅可以用來包裹餐點，也可當作野餐墊使用，增添野餐的華麗風采。

商品名稱：Aqua Drop
詳情請洽：むす美
☎03-5414-5678

大張的廚房擦手巾
質地柔軟，最適合用來包裹瓶瓶罐罐！

●料理家：朝長章代

白底紅線的可愛擦手巾，雖然樣式簡單，但是用它來包裹物品帶去派對的話，絕對可以獲得他人的讚賞。共有2種尺寸，可依據物品的大小斟酌使用。

商品名稱：Confiture Kitchen Towel（85cmX85cm）
詳情請洽：LIBECO HOME
☎03-5647-8358

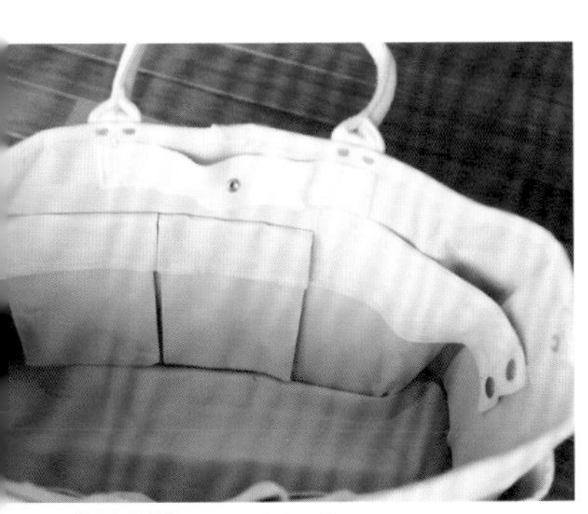

最適合用來裝蔬果的VegieBAG 把它當作便當提袋也很好用！

●料理家：沙希穗波

袋子的底部既寬敞又堅固，特百惠的便當盒排放在裡面可以非常地穩固。側邊的小袋子能夠放入許多小東西，是一款參加自備餐點派對時必帶的好用提包！

商品名稱： VegieBAG
3,800日圓（不含稅）
詳情請洽：angers web shop
☎075-441-8855
http：//www.angers-web.com

方便攜帶不易疲憊 竹虎的真竹市場提籃

●料理家：寺脇加惠

輕巧又堅固，適合帶去築地採買或者參加自備餐點的派對時使用。平常沒有要用的時候，除了可以當作收納用的籃子之外，也可以當作擺飾裝飾室內，我相當地喜歡。

商品名稱：真竹市場提籃
詳情請洽：竹虎　☎0889-42-3201
http：//www.taketora.co.jp/

讓便當變得更加美味 竹虎的白竹三層便當盒

盒身是用輕薄的竹皮編織而成，提起來的感覺比想像中的輕，而且堅固，實在令人驚艷。另外，也可將第三層疊在第二層後單獨使用，愉快地享受不同的使用方式。

商品名稱：白竹三層便當盒
詳情請洽：竹虎　☎0889-42-3201
http：//www.taketora.co.jp/

派對上令人自傲的餐廚用具

呈現

將傳統的技術以現代化的設計展現出來 有田燒的圓珠年菜盒

將球體分段裁切的多層年菜盒，讓餐桌景致更有立體感。先把料理分別放在各層裡，待客人到齊時，再將它整個展開，展現出絕佳的效果。它能瞬間決定派對的格調，絕對是餐具中的主角。

商品名稱：白磁 圓珠五層年菜盒
詳情請洽：李莊釜　☎0955-42-2438
http：//www.risogama.jp/

分開後交疊的變換方式 有田燒的葫蘆型雙層便當盒

葫蘆形狀的雙層便當盒，除了可以重疊使用之外，把上下兩層分開後交疊在一起使用也很棒。它能讓平時吃慣了的料理看起來完全不一樣，是一款在特別的場合裡不可或缺的好物。

商品名稱：葫蘆型雙層便當盒（義大利紅．錳釉）
詳情請洽：李莊釜　☎0955-42-2438
http：//www.risogama.jp/

天然木材結合不銹鋼 PUEBBCO的砧板

●料理家：朝長章代

調性溫暖的天然木材配上冰冷的不銹鋼材質，讓我非常地喜歡。它在男性之間也是一款相當有人氣的時尚砧板。

商品名稱：CUTTING BOARD（17X27）
3,240日圓（含稅）
詳情請洽：PUEBCO
http：//www.puebco.jp/

外型像鑄鐵鍋的時尚電烤盤

此款電烤盤的容量大約是2～3人份，尺寸小巧又精美，可和其他料理一起裝飾餐桌。內附的烤盤共有2種，從前菜到甜點，適用的範圍相當廣泛。

商品名稱：COMPACT HOT PLATE
8,640日圓（不含稅）
詳情請洽：IDEA INTERNATIONAL
☎03-5446-9530
http：//idea-in.com

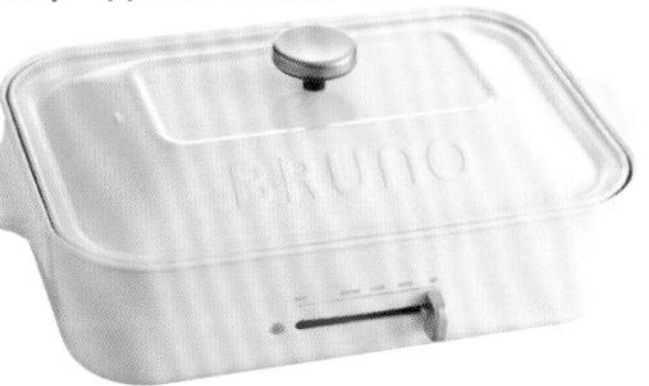

讓餐桌景致擁有立體感的不銹鋼餐架

●料理家：山田玲子

在擺滿各式料理的派對餐桌上，最重要的就是要利用餐架做出高低層次，藉此展現料理的亮麗華美。可將手持的小盤子或沙拉碗直接放在餐架上，更加立體地使用空間。

商品名稱：不銹鋼餐架
詳情請洽：Giocraft
☎03-5825-9575
http：//www.rakuten.co.jp/giocraft/

既堅固又美麗 來自紐約的餐墊

以時尚美麗的設計凝聚居家空間，PVC餐墊。精細的編織紋理，不但不容易產生皺紋，保養程序上也只需要用水清洗一下即可。

商品名稱：CHILWICH 餐墊
詳情請洽：SEMPRE HONTEN
☎03-6407-9081
http：//www.sempre.jp/

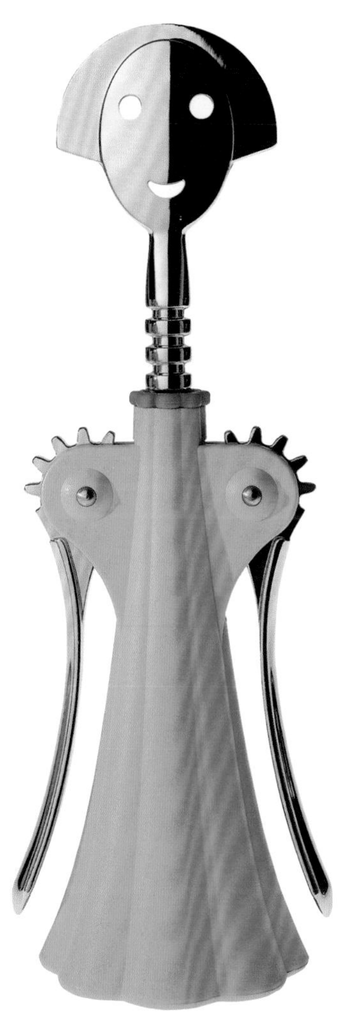

操作簡單 美化餐桌的開瓶器

●料理家：橫塚美穗

每次要開酒時，意外還蠻多人注目的。如果可以熟練地迅速開酒，感覺他人對自己的評價也會稍微提升。這是一款設計精美、能夠美化餐桌景致的開瓶器。

商品名稱：Anna G
詳情請洽：Alessi Shop青山
☎03-5770-3500
http：//www.alessi.jp/

手工打造的幻想式設計 神祕的上升氣泡玻璃杯

●料理家：森崎繭香

此商品的魅力在於幻想式的氣泡設計。倒入香檳後，香檳的氣泡彷彿可和內杯的氣泡互相連結，看起來更加美麗。由於手工打造，杯口做得相當細緻，讓飲品變得更加好喝。

商品名稱：三種氣泡
神祕的上升氣泡 香檳玻璃杯
詳情請洽：Sghr Sugahare Shop青山
☎03-5468-8131
http：//www.sugahara.com/

餐廳御用 UNI-PLAT的餐具

●料理家：長友幸容

樣式簡單、普遍可見的設計卻擁有超高的實用性。由國外的設計，簡潔的外表絲毫沒有多餘的華麗裝飾實屬難得。重量輕巧，是一套適合亞洲人使用的餐具。

商品名稱：UNI-PLAT
詳情請洽：大泉物產
☎0256-63-4551
http：//www.ohizumibussan.jp/

10月 Oct

南瓜料理和
妖怪甜點
大人們的雅致萬聖節

說起10月份的主要活動，當然就是萬聖節了！
配合變裝派對，
也讓料理粉墨登場吧！
recipe by 沙希穗波

鮭魚和西洋梨配上塔塔醬

材料（4人份）
鮭魚（生魚片用）…100g
西洋梨…1/2個
酪梨…1/2個
甜椒（紅色）…1/4個
蝦夷蔥…3根
續隨子（酸豆）…1大匙
紫色洋蔥（切細末）…2大匙
蒔蘿（切細末）…1大匙

A
- 橄欖油…3大匙
- 白酒醋…1大匙
- 鹽巴…約1/3小匙
- 胡椒…少許

餃子皮…16張
油…適量

作法

1 將鮭魚切成5mm的小丁。西洋梨剝皮後切成5mm的小丁。酪梨去皮、去籽，切成5mm的小丁，甜椒和續隨子切成細末。蝦夷蔥切成蔥花。

2 把餃子皮放進塗了一層薄油的烤皿內，接著也在餃子皮上塗一層薄油，然後放進小烤箱或系統烤箱內烤至金黃酥脆為止。

3 將材料A放進調理碗中，然後充分拌勻，接著再把步驟1的食材、紫色洋蔥、蒔蘿加進去再次攪拌。

4 把步驟2的餃子皮從鑄鐵鍋中取出，然後再盛入步驟3的食材即可。

南瓜和胡桃的煙燻起司可樂餅

材料（4人份）
南瓜…400g
洋蔥…1/2個
煙燻起司…約80g
巴西利（切細末）…2大匙
胡桃…5大匙

A
- 奶油…20g
- 鹽巴…少於1/4小匙
- 胡椒…少許
- 肉豆蔻…少許

小麥粉…約3大匙
雞蛋…1個
麵包粉…約1杯
顆粒芥末醬
（依照個人喜好添加）…適量
炸油…適量

作法

1 南瓜去籽和瓜囊，然後放進微波爐內蒸軟。洋蔥切成細末，然後放到耐熱器皿中用保鮮膜封好，再放進微波爐以600w加熱1分半。胡桃放進平底鍋中乾煎5分鐘左右，然後切成粗末。
2 趁步驟1的南瓜還熱著，趕緊放進調理碗中，用搗泥器等器具搗碎。接著加入步驟1的洋蔥和胡桃及材料A後，將全部的食材充分攪拌均勻，待放涼至不燙手的程度，再加進巴西利。
3 把步驟2的食材分成8等份，然後把煙燻鮭魚放到中間的部分，再搓成圓球狀。接著在表面依序裹上小麥粉、雞蛋、麵包粉，再以中溫的油炸至金黃色。
4 把炸好的丸子盛入盤中，最後再依照個人喜好附上顆粒芥末醬即可。

南瓜奶油濃湯　迷迭香風味

材料（4人份）
南瓜…400g
洋蔥…1/2個
培根…2片
迷迭香…2根
水…300ml
牛奶…200ml
奶油…30g
鹽巴・胡椒…適量

作法

1 南瓜削皮、去籽和瓜囊，然後切成薄片。洋蔥切成薄片。培根切成細條。
2 把奶油放進鍋內燒熱，然後拌炒洋蔥，待把洋蔥都炒軟之後，再加進南瓜和培根繼續拌炒。接著加入迷迭香和水，然後開中火燉煮至熟軟為止。
3 待步驟2的食材放涼至不燙手的程度之後，把迷迭香拿掉，然後放進果汁機攪拌至黏稠滑順。
4 把步驟3的食材倒回鍋中，然後加進牛奶後加熱，再用鹽巴和胡椒調味。
5 最後倒進盛裝容器中，再以迷迭香（額外分量）做裝飾即可。

鷹嘴豆雜燴飯

材料（4人份）
米…2合
鷹嘴豆（水煮）…240g
橄欖油…1大匙
奶油…20g
鹽巴…1小匙
砂糖…1小匙
巴西利（切細末）…適量

作法
1 把橄欖油倒進平底鍋中熱鍋，接著把米放進去拌炒至全體稍微有些熟透，然後再加進奶油。
2 將步驟1的飯放進電鍋裡，接著加進一般煮飯用的水量，把鹽巴和砂糖加進去攪拌，最後再把鷹嘴豆加進去後開始煮飯。
3 煮好後盛入盤中，最後撒上巴西利就完成了。

入口即化的
妖怪芒果布丁

材料（4人份）
芒果泥…300ml
水…80ml
砂糖…1大匙
明膠粉…5g
鮮奶油…50ml
煉乳…2大匙
植物性鮮奶油（市售品）…適量
巧克力…適量

作法

1 把水和砂糖加進鍋中後，開始加熱，接著再加進明膠粉，待明膠粉溶解之後，再把鍋子從火源上移開。
2 一邊把芒果泥慢慢地加進步驟1鍋中，一邊攪拌，再把鮮奶油和煉乳加進去，然後充分拌匀。
3 將步驟2的食材倒進容器中，然後放進冰箱冷藏使之凝固。要食用之前先在上面擠上大量的植物性鮮奶油，最後再用巧克力畫上妖怪的臉就完成了。

Food Sommelier Advice 10

用布包巾包好，把料理連同鍋子一同帶去派對。

派對上的決勝料理就是要把可愛的鍋子一同帶去兼具美味和視覺饗宴的妙招！

由於天氣已經開始變冷了，因此，我就把湯品和起司可樂餅等熱騰騰的食物，列入這次的菜單之內。這次使用的是有萬聖節氣息的南瓜和西洋梨等符合時節的當季食材，這樣對於菜色上的組合，就能順暢進行並富有時尚感。

關於芒果布丁和湯品等味道比較不會有問題的餐點，可以在前一天晚上就先做好，如此一來，派對當天就能空出比較多的時間可以運用。同樣地，建議蔬菜類也可以在前一天，就先切好備用。

而這次的配方，將塔塔醬跟西洋梨配在一起，可樂餅則是加上胡桃等，利用諸如此類的變化方式，將稍微不太一樣的食材組合在一起，這項創意可以成為您和賓客聊天的話題。

如果是自備餐點的話，可將料理放進Le Creuset鑄鐵鍋或Shuttle Chef燜燒鍋內，然後用布包巾或桌巾包得漂漂亮亮後帶去。雖然是重了一點，但到現場把料理都分完之後，只需把空鍋帶回家清洗即可，這樣也不用勞煩開宴主人多洗一套餐具。

有關可以提供給開宴主人運用的派對創意，我認為可以準備各種不同顏色的緞帶代替記號分辨環使用。

請賓客挑選自己喜歡的顏色，綁在紅酒杯的杯腳處。挑選緞帶的細節，則是要買細條的緞帶，這樣才不會在拿取杯子的時候造成妨礙。另外，顏色最好控制在3色以內，看起來有質感的。

繫上緞帶之後，不僅可以馬上在一大堆酒杯裡找到自己的杯子，還能美化餐桌景緻，讓整體氛圍變得更加可愛。

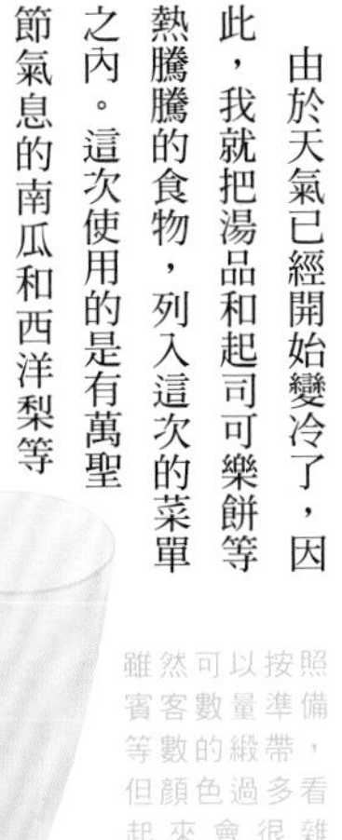

雖然可以按照賓客數量準備等數的緞帶，但顏色過多看起來會很雜亂，因此最好控制在3種顏色以內就好。

10月份的餐點調理師

沙希穗波 ●SAKI HONAMI

料理研究家／食品造型師（Foodstylist）
AISO認證橄欖油服侍員

以「想把更多的幸福帶到餐桌上」為概念，提出有益身心健康的食譜。從留學研習料理經驗當中獲得獨特的感性和品味，將其運用在食譜和造型，獲得相當好的評價。除了在TV等媒體以料理研究家身分發表意見以外，也在TV節目製作、Web連載、替企業公司和餐飲店研發食譜、諮詢及料理雜誌等多樣領域中相當活躍。

Cooking School 資訊

Dress table cooking studio
http://www.dress-table.com/

和食　中華料理　法式料理　義式料理　民族料理

●其他（橄欖油、紅酒、日本酒）

每個人都學得會！一堂課學會一道簡單、漂亮、含有一天所需蔬菜量的健康食譜。另外也有紅酒、橄欖油等各式各樣的講座。

部落格資訊

料理研究家 沙希穗波的 Heartful Kitchen
http://ameblo.jp/heartful-kitchen/

11月 Nov

深秋
正適合舉辦一場
香醇濃厚的紅酒派對

每年11月的第3個星期四，是品嚐薄酒萊新酒的日子。
在這紅酒派對超多的季節裡，為您獻上適合搭配的法國料理。
recipe by 橫塚美穗

法式火腿
清湯醬糜

材料（18cm型1條）
里肌肉火腿（塊狀）…300g
法式清湯…200ml
明膠粉…18g
巴西利…1枝
（切成稍微大塊一點的細末，
大約需要3大匙左右。）
鹽巴・胡椒…各少許
法式第戎芥末醬
（依照個人喜好添加）…適量

作法
1 把里肌肉火腿切成1.5cm的小丁，然後放進模具裡。
2 把1/2量的法式清湯放進耐熱調理碗中，然後撒進明膠粉。待明膠粉吸水膨脹後，再放進微波爐中以500w加熱1分鐘，使之徹底溶解。如果沒有溶解，請觀察溶解狀態，以每30秒為一個段落加熱。
3 將巴西利切成細末，加入步驟2中輕輕攪拌，試一下味道，並用鹽巴和胡椒調味。
4 把步驟3倒入步驟1的模具中，然後放進冰箱冷藏使之凝固。
5 把完成的果凍切開，最後再依照個人喜好附上法式第戎芥末醬即可。

白蘭地醃製
卡芒貝爾起司

材料（1個）
卡芒貝拉起司（整個）…1個
白蘭地…160ml
砂糖…1大匙

作法
1 把砂糖加進白蘭地裡攪拌至溶解。
2 把卡芒貝拉起司放進適合該尺寸的密封容器裡，接著把步驟1的白蘭地倒入，直到白蘭地幾乎可以覆蓋住整個起司為止，然後再放進冰箱醃漬差不多半天到一個晚上左右即可。

油封帶骨雞腿

材料（4人份）
帶骨雞腿肉…4根
百里香和迷迭香…綜合共3～4根
豬油或橄欖油…適量（根據耐熱容器的大小）
鹽巴・胡椒…各少許
橄欖油…2大匙
西洋菜…1把

作法

1 把帶骨雞腿抹上鹽巴和胡椒，然後放到耐熱調理盤或琺瑯鍋中。接著放上香草，再倒入溶解後的豬油或者橄欖油，直到油幾乎可以覆蓋住整個雞腿為止。
2 將步驟1的雞腿放進預熱至90℃的烤箱內烤2個小時。烤好之後，直接放涼至不燙手的程度即可放進冰箱冷藏。
3 享用前先讓雞腿在室溫下退冰，然後在平底鍋內加進2大匙橄欖油，用小火至中火將兩面煎熱。
4 盛入盤中，最後再添上西洋菜就完成了。

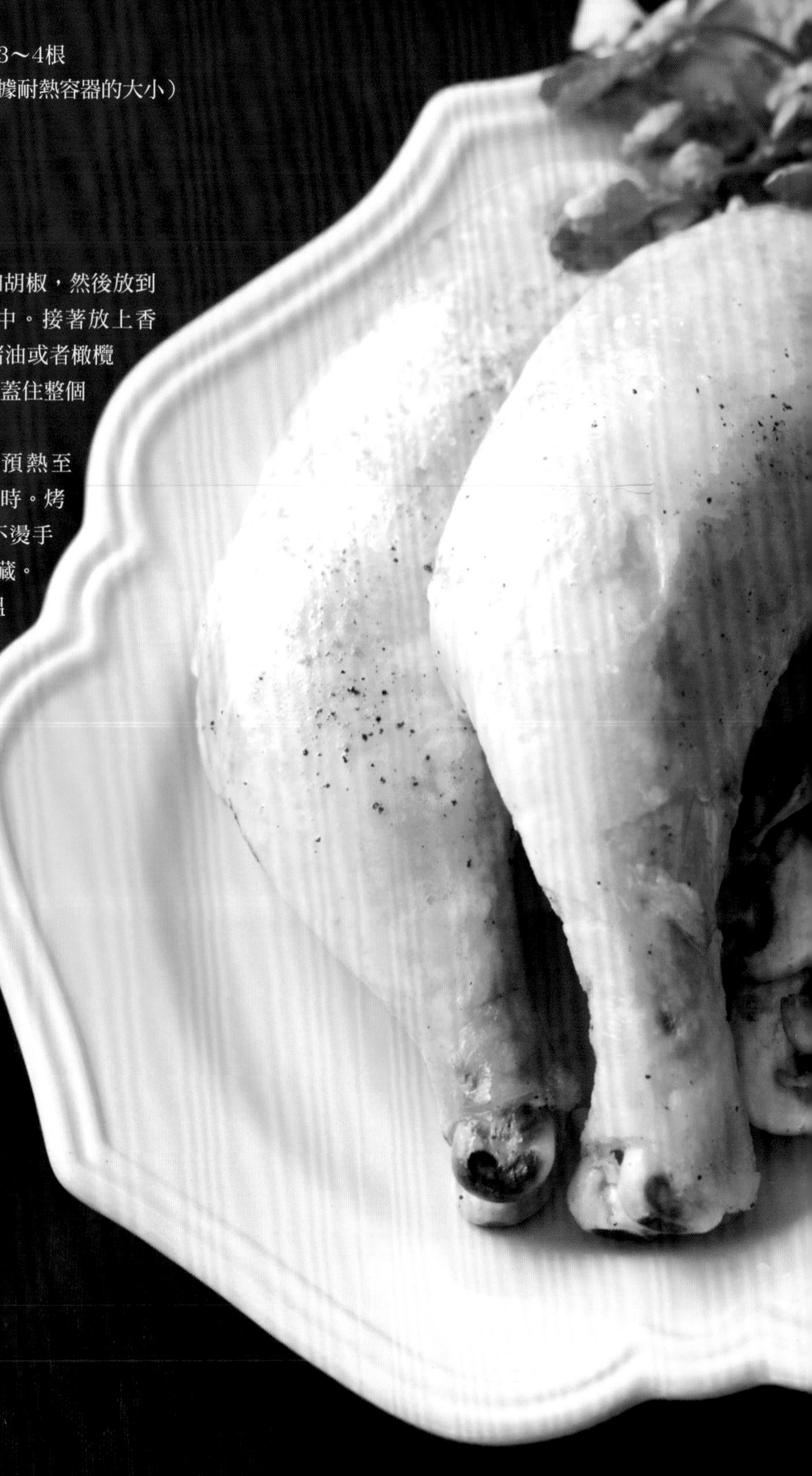

鮮嫩蘑菇沙拉

材料（4人份）
蘑菇…大的12個

A
橄欖油…4大匙
義大利香醋…2大匙
義大利巴西利（切細末）…少許
鹽巴．胡椒…各少許

作法
1 將濕抹布確實擰乾，快速擦去蘑菇上的髒汙，然後縱向切成2～3mm的薄片。
2 把步驟1的蘑菇和材料A放進調理碗中，然後拌勻即可。

水波蛋配上紅酒醬

材料（4人份）
雞蛋…4個
培根…8片
洋蔥…1個
蘑菇…8個
紅酒…400ml
奶油…60g
鹽巴・胡椒…各少許
義大利巴西利…少許

作法

1 將培根切成兩半，洋蔥順著纖維切片，蘑菇縱向切成4片。
2 把培根放進平底鍋中後開小火，接著用培根逼出來的油拌炒洋蔥和蘑菇，培根則要取出備用。
3 待洋蔥炒軟後加入紅酒，煮至水分收乾1/2時，再加入奶油。接著再用鹽巴和胡椒調味。狀態上差不多有點黏稠程度就可以了。
4 煮一鍋沸水，接著加進少許醋（額外分量），然後把一顆蛋進去做成水波蛋。
5 把步驟3的醬汁盛入盤中，接著放上步驟4的水波蛋，最後再用義大利巴西利做裝飾即可。

※如果家中有沒喝完的紅酒，建議可以把沸水的一半水量替換成紅酒煮煮看。勃根地風格的水波蛋，就是這樣染上一層薄薄的紅酒色。

Food Sommelier Advice 11

如果開了兩種以上的葡萄酒，可先從口感清爽的白酒開始喝，循次漸進至後勁較強的酒種。

11月是薄酒萊新酒的季節 紅酒與料理的完美結合

薄酒萊新酒來自法國勃根第地區南邊的BEAUJOLAIS區。根據「同一土地孕育出來的食材彼此的適性最好」之法則，我以簡單好做的方式，把在勃根第常吃的料理變成了我自己的食譜。只要決定好主題，就不必煩惱究竟該做些什麼了。

關於如何選擇合適的酒種來搭配料理，我認為重點要放在「協調感」和「相似種類」。也就是說，最重要的是要看彼此的拉力是否屬於同一水平。還有，彼此之間是否有「共通點」，屬於相似的種類。

例如，像是清蒸白肉魚這種清淡又細緻的料理，就適合跟白酒搭配。

如果想要擠上清爽的檸檬汁一起享用的話，可選擇帶有清爽酸味、溫醇、喝得到香草風味的白蘇維濃，或於夏布利產區釀造的夏多內。而料理若有使用奶油系的醬汁調味的話，來自勃根地產區，使用橡木桶發酵帶有奶油風味的夏多內，將會是您的最佳選擇。如果是紅肉料理的話，那就還是要搭配後勁強烈的紅酒，會比較適合呢！

如果不知道現場會有什麼料理，而又必須攜帶葡萄酒當伴手禮的話，建議挑選粉紅氣泡酒會比較安全。

這款葡萄酒不管跟什麼料理都很搭，也能營造華麗的氛圍，實在是非常地好用。

葡萄酒的主要酒種和特徵

酒種	類別	特徵
夏多內 Chardonnay	白	世界各地皆有產量的白葡萄酒。口感取決於「個人風格」，根據栽種土地和釀造手法的不同，口感也會隨之不同。
白蘇維濃 Sauvignon Blanc	白	擁有清涼乾淨的香氣。有點像是香草或蔬菜的味道。適合與蔬菜料理，或有使用香草烹調的料理。
甲州 Koshu	白	日本的固有酒種，也是近期矚目的酒種。喝起來口感清新又芳香，適合與冷食或清蒸雞肉等料理一同享用。特別是跟和食料理最合。
卡本內蘇維濃 Cabernet Sauvignon	紅	採用像黑醋栗一般濃醇的葡萄所釀造出來的紅酒。含有豐富的丹寧，從中感覺到年輕紅酒的豪放不羈特性，口感相當扎實。
梅洛 Merlot	紅	擁有馥郁圓潤的口感，以及芳醇的果實味。除了部分高級紅酒以外，通常都是採用混合釀造製成。
黑皮諾 Pinot Noir	紅	口感滑順、具有透明感。熟成之後會有辛香料的香氣，更增複雜度。很有質感。與雞肉料理或松露料理相當搭配。

11月份的餐點調理師

橫塚美穗 ●YOKOZUKA MIHO

料理家／侍酒師（葡萄酒、橄欖油）／主廚

曾於國內外的餐廳工作，後來獨立創業。以飲食專家的身分主要在書籍、雜誌、企業公司及Web等媒體中活動。以義大利料理與和食料理為基礎，設計簡單好做又有品味的料理食譜與食品造型，並擁有非常好的評價。

除此之外，近幾年還擔任了咖啡店設計總監和進出口的顧問，大幅拓展了事業範圍，也在目黑區東山開了一家自己的餐廳。並以相同名稱創立以飲食為中心的生活風格品牌。

Cooking School 資訊

5-quinto

http://www.miho-yokozuka.com

義大利料理　和食　葡萄酒　橄欖油

5-quinto重視的飲食風格，即是輕鬆自然、不做作。希望大家都能從中享受到為了重要的人而用心製作家庭料理的樂趣。另外，也有不定期開設葡萄酒和橄欖油的相關課程。

STAUB

12 Dec 月

聖誕節就是要邀請三五好友辦一場輕鬆自由的休閒派對

除了使用紅、白、綠3種聖誕節顏色之外，
也要跳脫固定色，來點不一樣的變化球。
料理繽紛盛裝，成功營造奢華感。

recipe by 森崎繭香

醃泡蕪菁和生火腿

材料（4人份）
蕪菁…小型6個
蕪菁葉…1份
鹽巴…1/2小匙
生火腿…8片
A 白酒醋…2小匙
EXV.橄欖油…1大匙
顆粒芥末醬…1小匙

作法
1 把蕪菁的皮剝掉，切成1cm寬的半月形。蕪菁葉切成小圓片。接著通通放入調理碗中，然後撒上鹽巴輕輕搓揉一下後，靜置個5分鐘左右。
2 把材料A放進另一個調理碗中混合攪拌，接著把步驟1的水分確實擰乾後，再加進去。然後把生火腿撕成碎片加入，大致攪拌一下，最後再放進冰箱醃泡30分鐘以上即可。

甜椒豆漿濃湯

材料（4人份）
甜椒（紅色）
…大型1個（肉身180g）
洋蔥…1/4個
馬鈴薯…1個（肉身120g）
白酒…2大匙
豆漿…300ml
橄欖油…1小匙
鹽巴…1/4小匙
鹽巴・胡椒…各少許

作法
1 甜椒去蒂去籽，然後切成薄片。洋蔥以把纖維切斷的方式切成薄片。馬鈴薯削皮後對切成兩半，然後再切成薄片。
2 把橄欖油倒入平底鍋內熱鍋，然後加進洋蔥和鹽巴拌炒。待炒軟之後，再加進甜椒和馬鈴薯繼續拌炒。待全部的食材都吃到油之後，再加進白酒蓋上鍋蓋，然後轉小火蒸煮15分鐘左右，直到把蔬菜都煮軟為止（最好使用質地較渾厚的鍋子）。
3 待放涼至不燙手的程度後，再加進豆漿，然後放進果汁機裡攪拌。攪拌至綿柔滑順之後，再到回鍋中溫熱，最後再用鹽巴和胡椒調味即可。

焗烤鯖魚肉醬和馬鈴薯泥

材料（4人份）

【鯖魚肉醬】

鯖魚罐頭…2罐（約400g）

洋蔥…1個

芹菜…1根

紅蘿蔔…1/2根

白酒…50ml

水煮番茄罐頭…1罐（400g）

月桂葉…2片

橄欖油…適量

鹽巴…適量

胡椒…少許

砂糖…適量

【馬鈴薯泥】

馬鈴薯…4個（約500g）

奶油…30g

鮮奶油…100ml

肉豆蔻…少許

鹽巴…適量

胡椒…適量

巴西利（切細末）…適量

作法

1 製作【鯖魚肉醬】將洋蔥、芹菜、紅蘿蔔都切成細末。

2 把橄欖油倒入平底鍋中熱鍋，然後加入步驟1的食材轉小火慢慢拌炒。待炒軟之後，改開大火加入一整罐鯖魚罐頭連同汁液煮至滾，然後再加入白酒。接著用鍋鏟把鯖魚肉攪得細細爛爛的，同時也讓酒精成分揮發掉。

3 用手將番茄罐頭捏碎後加入鍋中，並加入月桂葉。加入的同時也要一邊攪拌，煮至水分幾乎收乾為止。接著把月桂葉拿掉，然後用鹽巴和胡椒調味。如果覺得酸味太強，就把砂糖加進去。

4 製作【馬鈴薯泥】馬鈴薯削皮去芽點，切成一口大小，再泡入水中水煮。水煮的時候加進適量鹽巴，待煮到可用牙籤輕易刺入即可，然後把煮汁倒掉。

5 將煮軟的馬鈴薯倒回鍋中壓成粉泥狀，並趁熱加入奶油用鍋鏟壓爛。接著加入少許肉豆蔻，並慢慢地加入鮮奶油，混合攪拌至綿柔細滑為止。

6 【完成】把步驟3的番茄泥倒入耐熱容器裡，接著再倒入步驟5的馬鈴薯泥，然後再用叉子等器具在表面加上紋路，再放進預熱至220℃的烤箱內烤15分鐘左右，待表面出現金黃微焦之後即可出爐。如果有巴西利也可以撒上去。

紅燒雞肉搭配　巴西利奶油義大利麵

材料（4人份）

【烤雞腿】

雞腿…250g×2片

蘆筍…4根

甜椒（紅色）…1個

鹽巴…1小匙

粗粒黑胡椒…少許

【巴西利奶油義大利麵】

義大利寬扁麵（乾燥）…160g

A
- 奶油…40g
- 帕馬森起司（磨成泥狀）…4～5大匙
- 巴西利（切細末）…2大匙

鹽巴…適量

粗粒黑胡椒…適量

作法

1 製作【烤雞腿】將蘆筍根部較硬的部分切除後削皮，然後水煮一下，不要煮到軟。甜椒去蒂去籽，切成5mm寬的細條。

2 如果雞腿有肉較厚的地方請切開，讓各個部位的厚度達到均等。接著在兩面撒上鹽巴和粗粒黑胡椒，再用手搓揉。

3 將雞腿肉的皮朝下置放，接著把步驟1的蘆筍和甜椒放上去，內側記得空1cm左右，然後以捲壽司捲的要領從內往外捲好，再用風箏線綁好固定（也可用牙籤插好固定）。再以同樣方法再做1個。

4 都做好之後，放進預熱至200℃的烤箱內烤20～25分鐘左右。接著再把風箏線拿掉，切成6等分。

5 製作【巴西利奶油義大利麵】寬扁麵依包裝指示放進有鹽巴（額外分量）的熱水中煮。將材料A放進調理碗粗略混合攪拌一下。

6 麵煮好後用濾網撈起，趁熱放進步驟5的調理碗中攪拌，再用鹽巴和粗粒黑胡椒調味。

7 【完成】把步驟6的麵夾進盤中，再將步驟4雞肉放上去即可。

覆盆莓蛋糕

材料（較好製作的分量，約6人份）
奶油起司…200g
細砂糖…40g
原味優格…150g
鮮奶油…200ml
覆盆莓果醬（過篩好的）…120g
櫻桃酒等喜歡的力嬌酒（有的話）…1小匙
明膠粉…5g
水…2大匙
綜合莓果
（覆盆莓、藍莓、草莓等）…適量
薄荷（有的話）…適量

準備

將2大匙的水撒進明膠粉中使之膨脹。奶油起司放室溫軟化。

作法

1 將奶油起司揉軟，然後加進細砂糖，再用打蛋器抵住底部攪拌。接著再依序加入原味優格、鮮奶油、覆盆莓櫻桃酒。
2 把膨脹好的明膠放進微波爐中以600W加熱10秒至溶化。再加入步驟1的食材，趁還軟著的時候用手快速攪拌。為了確保攪拌完全，最後再用橡皮刮刀拌勻。
3 拌勻後倒進容器內，然後放進冰箱冷藏3小時以上，使之凝固。
4 若有綜合莓果的話，再添加上去作為裝飾就完成了。

Food Sommelier Advice 12

自備餐點也可以很簡單
聖誕節的派對食譜

從前菜到甜點，我使用了紅、白、綠3種和聖誕節有關的形象顏色，來構成我這次的食譜。

說到聖誕節，就會讓人聯想到雞肉料理，但是，烤全雞可能對有些人來說是比較困難的，因此，為了能讓大家只加一道手續即可輕鬆地享受到聖誕節的特別感，我選擇製作這道雞肉捲，只要把食材捲在一起就可以了。在派對快要開始的時候先做起來就行了，等客人都到齊了之後，再放進烤箱烤一烤即可。由於外表看起來相當華麗，因為非常適合當作款待賓客的料理。醃泡醬汁在派對前2～3天做好即可，而濃湯的湯底因為可以冷凍，只要在有時間的時候先做起來放，後續作業就會很輕鬆了。

如果是自備餐點的話，醃泡醬汁要放進放有保冷劑的保冷袋，然後再放進琺瑯容器裡帶去。像這次準備有冷藏後即會凝固的蛋糕，建議可到百圓商店購買附有蓋子的塑膠杯，用它來盛裝。做好之後，再貼上紙膠帶，帶到會場就可以了。

如果您跟場地主人的關係有熟識到可以借廚房烤箱的話，就可將焗烤放進琺瑯容器或附蓋子的耐熱容器內，到現場就直接放進烤箱烤就好了。如此一來，就能吃到熱騰騰的現烤食物了。冷湯的話，用果汁機隨行杯裝最方便。把冰棍冷凍後放進裝有冷湯的隨行杯中，即可保冷。

不同風貌的覆盆莓蛋糕

①另外準備一碗覆盆莓果醬。

②用湯匙在上面點上3點。

③用竹籤輕輕畫個圓。

④可愛的形狀就完成了！跟P.124原本的造型不同，展現出全新的風貌。

森崎繭香 ●MORISAKI MAYUKA

食品指導協調師（food coordinator）／點心・料理研究家

曾經擔任大型烹調學校講師和甜點師，並到法國、義大利的廚房累積經驗後獨立。替企業公司研發食譜、提供食譜給雜誌、上電視和廣播等節目，活動範圍相當廣泛。總是使用身邊好取得的食材，設計在家即可簡單做的食譜，並擁有非常好的評價。

著書有《塩レモンでつくるおうちイタリアン》（暫譯：利用鹽巴和檸檬，在家做出義大利料理）、《カップスタイルで簡単！スープの本》（暫譯：用杯子簡單做！湯品專書）、《グラススイーツの本》（暫譯：玻璃杯甜點專書）、《おかず蒸しパンと蒸しケーキのおやつ》（暫譯：蒸麵包正餐和蒸蛋糕點心）等多本著作。

Cooking School 資訊

Mayucafe Cooking School
http://www.mayucafe.com/

中華料理　法國料理　義大利料理　民族料理　家庭料理　麵包・點心　派對

除了提供食譜給雜誌、書籍、企業公司和Web網站以外，也有出席料理活動和大學的講座，工作類型非常多樣化。歡迎聯絡洽詢。

Shop List

家具 雜貨 餐廚用品

NATURAL KITCHEN吉祥寺店

●ナチュラルキッチン きちじょうじてん

❖☎0422-23-3103
❖URL www.natural-kitchen.jp

全家人豐富的生活就從廚房開始　店內商品全都100日圓起的雜貨店

質地天然、風格可愛的生活雜貨只要100日圓(不含稅)就可買到。從家具雜貨到餐廚用品、芳香用品到手工用品等特色商品應有盡有。店內擁有季節感的陳列方式也相當引人矚目。本店以全國主要都市為據點拓展分店中。

家具 雜貨 餐廚用品

bana bana

●バナバナ

❖URL www.banabana.co.jp

只要100日圓即可擁有既優質又可愛的雜貨大集合

提出「更高品質的生活型態」方案，店內商品全部均一價的雜貨店。從經典商品到配合時節的商品種類繁多、應有盡有。由於店內商品的更新速度很快，如有喜歡的商品，務必要儘早下手。

家具 雜貨 餐廚用品

Flying Tiger Copenhagen

●フライングタイガーコペンハーゲン

❖URL www.flyingtiger.jp

源自北歐丹麥的 Fan life style 雜貨店

只要100日圓就能夠買到擁有幽默風格以及絢麗色彩的斯堪地那維亞的設計商品。每間分店所販賣的商品都不太一樣，喜歡享受不期而遇的驚喜的客人，不妨親自到店裡走一趟。

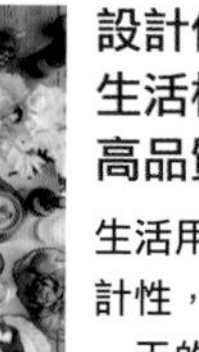

家具 時裝 家電 餐廚用品

IDEA SEVENTH SENSE ONLINE SHOP

●イデアセブンスセンスオンラインショップ

❖URL idea-onlineshop.jp

設計你我的生活樣式 高品質的生活雜貨

生活用品具備實用性和設計性，讓您可以「享受每一天的大人禮品店」。店內擁有許多適合用於派對的調理家電、餐具、小禮物及原創商品等種類繁多。目前有直營店和網路商店。

有田燒

李莊窯

●りそうがま

❖☎0955-42-2438
❖URL www.risogama.jp

鑽研「溫故知新」的有田燒名陶 既摩登又高尚

位於佐賀縣有田町的窯場。擁有精粹現代洗練的技術，使用了古伊萬里的製作手法。以最尖端的技術再配上古雅的設計，讓陶器具有不挑場合的柔軟性。全國各地均有巡迴展示販售的活動，詳情請洽服務專線。

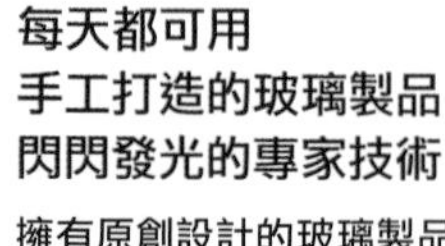

玻璃製品

Sghr スガハラショップ青山

●スガハラショップ あおやま

❖URL www.sugahara.com

每天都可用手工打造的玻璃製品 閃閃發光的專家技術

擁有原創設計的玻璃製品全部都是手工打造。造型流暢，當您取用時連帶地也讓動作變得相當地優雅。請您到直營店親自感受一下現場的玻璃製品魅力，再到網路商店逛逛，享受選購各式商品的購物樂趣。

免洗餐具

SOLIA

●ソリア

❖URL www.cornes-trading.com/solia

法式設計的塑膠容器是一項創新的免洗餐具

這間餐具製造商利用塑膠容器呈現出餐桌的全新風貌。不用擔心會摔破，而且用完即可丟棄，讓您無後顧之憂開心享受派對。店內擁有各種適合用在手拿食物的派對餐具系列，相當受到顧客歡迎。

免洗餐具

WASARA

●ワサラ

❖URL www.wasara-shop.jp/

感受日本獨有的美感以及價值觀 外型唯美的「紙餐具」

使用竹子和甘蔗渣(壓完甘蔗後的蔗渣)為原料的紙漿製作而成的紙餐具，相當地環保。線條流利的造型以及拿在手上立即適應的質感，徹底顛覆了人們對紙餐具的印象。目前在網路商店以及國內外複合精品店均有販售。

布包巾

むす美
●むすび

✧☎03-5414-5678
✧URL www.kyoto-musubi.com

來自京都老舖的訊息 布包巾的傳統與嶄新的使用方法

這是京都的布包巾廠商－山田纖維股份有限公司所營運的布包巾專賣店。將埋藏在「布包巾」裡的日本美好之處，以現代生活模式為原則，發想出適合的設計與樣式。目前有網路商店和直營店。

食品　餐廚用品　家電　雜貨

Costco
●コストコ

✧URL www.costco.co.jp

大量採購就交給 Costco　源自美國的倉庫型會員制量販店

來自西雅圖，大家耳熟能響的大型量販店。重點是，這裡的餐具用品也相當齊全。與朋友在倉庫型的店內一邊散步、一邊互相討論派對的點子也很不錯。目前全國共有20間量販店並持續展店中。

調理材料　調理器具　包裝用品

富澤商店
●とみざわしょうてん

✧URL www.tomizawa.co.jp

品質實在、種類繁多的手工材料店

商品以製作點心和麵包為中心，另有販售調理器具和包裝材料等，讓客人在這裡就可一次購足需要的東西。目前全國約有40家直營店和網路商店。在店內，每天都有食譜實作的示範以及活動，歡迎至現場諮詢。

調理材料　調理器具　包裝用品

cuoca
●クオカ

✧☎0120-863-639
✧URL www.cuoca.com

喜歡甜點的男生必看點心麵包的材料與用具

這是一個製作手工點心和麵包時，所需要的用具以及相關資訊的綜合網站。站內擁有4,500種以上的商品，以及1,200道食譜。網站上的分類項目相當齊全，非常適合喜歡在家慢慢發想靈感的人。目前有直營店。

包裝用品　花卉

east side tokyo
●イーストサイドトーキョー

✧☎03-5833-6541
✧URL eastsidetokyo.jp

可展現自我風格的花卉相關素材 美美地等候您的光臨！

店內販售的花卉和包裝紙類樣式相當齊全，都是派對上不可或缺的裝飾素材。此外，由於同時也是經營包裝用品、陳列用品的批發商「シモジマ」，因此售價上也比較便宜。歡迎至品項豐富的網路商店挑選您要的商品。

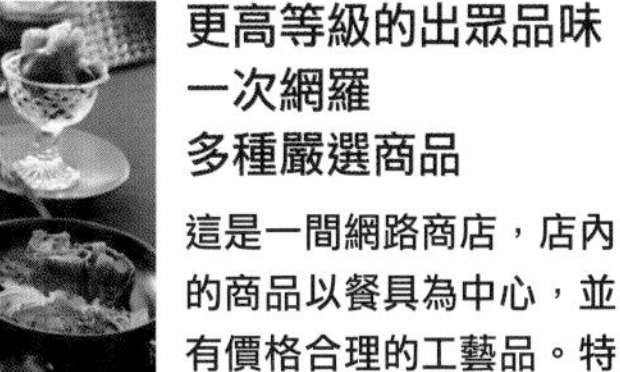

餐具

ジオクラフト
●ジオクラフト

✧☎03-5825-9575
✧URL www.rakuten.co.jp/giocraft

更高等級的出眾品味 一次網羅多種嚴選商品

這是一間網路商店，店內的商品以餐具為中心，並有價格合理的工藝品。特點是不光只有販售漂亮的餐具，也有許多佈置餐桌時相當好用的物品。請您務必要到這裡選購一件符合您派對風格的用品。

家具　雜貨　餐廚用品　加工食品

「北歐、暮らしの道具店」
●ほくおう、くらしのどうぐてん

✧☎042-505-6850　※洽詢時間為10:00～17:00（13:30～14:30除外，六日休息）
✧URL hokuohkurashi.com

讓每天的生活裡都有北歐氛圍的雜貨陪伴

以「尋找最適合自己的生活」為出發點，店內商品主要是以北歐雜貨為中心，輔以其他各國的生活用品。風格俐落的餐具和雜貨自然而然地融入家庭派對以及您每一天的生活當中。

調理材料　調理器具　包裝用品　加工食品

アンジェ web shop
●あんじぇウェブショップ

✧☎075-441-8855
✧URL www.angers-web.com

光是欣賞就覺得幸福 通通都在Web Shop！

這是一間傳遞「微小幸福」的複合式網路商店。店內販售的品牌餐廚用品與食品，從必買的經典商品至藏私的逸品樣樣俱全，在這裡，您一定可以找到超乎您所求所想的超優質商品。

TITLE

跟著季節走　完美派對料理提案

STAFF

出版　瑞昇文化事業股份有限公司
監修　food-sommelier
譯者　黃桂香

總編輯　郭湘齡
責任編輯　黃思婷
文字編輯　黃美玉　莊薇熙
美術編輯　朱哲宏
排版　二次方數位設計
製版　昇昇製版股份有限公司
印刷　桂林彩色印刷股份有限公司

法律顧問　經兆國際法律事務所　黃沛聲律師

戶名　瑞昇文化事業股份有限公司
劃撥帳號　19598343
地址　新北市中和區景平路464巷2弄1-4號
電話　(02)2945-3191
傳真　(02)2945-3190
網址　www.rising-books.com.tw
Mail　resing@ms34.hinet.net

初版日期　2016年10月
定價　300元

國家圖書館出版品預行編目資料

跟著季節走　完美派對料理提案 /
food-sommelier監修；黃桂香譯.
-- 初版. -- 新北市：瑞昇文化, 2016.09
128面；18.2 x 25.7公分
ISBN 978-986-401-121-6(平裝)

1.食譜

427.1　105016368